为何越爱越孤独

武志红 / 著

SPM
南方传媒 | 花城出版社

中国·广州

图书在版编目（CIP）数据

为何越爱越孤独 / 武志红著 . -- 广州：花城出版
社，2023.1
ISBN 978-7-5360-9833-6

Ⅰ . ①为⋯ Ⅱ . ①武⋯ Ⅲ . ①人际关系—通俗读物
Ⅳ . ① C912.11-49

中国版本图书馆 CIP 数据核字（2022）第 224577 号

出 版 人：张　懿
责任编辑：欧阳佳子
特约监制：魏　玲　潘　良
产品经理：韩　烨
特约编辑：夏　冰
技术编辑：薛伟民　林佳莹
封面设计：何家仪

书　　名	为何越爱越孤独
	WEIHE YUE AI YUE GUDU
出版发行	花城出版社
	（广州市环市东路水荫路 11 号）
经　　销	全国新华书店
印　　刷	三河市冀华印务有限公司
	（河北省廊坊市三河市杨庄镇杨庄村）
开　　本	880 毫米 ×1230 毫米　32 开
印　　张	8.5　2 插页
字　　数	180,000 字
版　　次	2023 年 1 月第 1 版　2023 年 1 月第 1 次印刷
定　　价	52.00 元

购书热线：020-37604658 37602954
欢迎登录花城出版社网站：http://www.fcph.com.cn

目录
CONTENTS

拆掉自恋的高墙

*

我们心中都有一堵超级自恋的墙

"有没有可能，我们在心中建一堵足够坚固的墙，足以抵抗一切打击？"

最近，在去一家咨询机构做关于灾后心理干预的讲座时，一位听众问了我这样一个问题。

这是一个要命的问题。

其实，我们每个人心中都有一堵墙，它不可能坚硬到"足以抵抗一切打击"，但却具备另一个功能：将我们圈在其中，令我们看不见别人的真实存在，也令我们看不到更大的力量。

然而，只有真正看到别人的存在，我们才有机会走出孤独，并与其他人建立起真爱的关系；也只有看到更大的力量并顺从这个力量，我们才能真正强大起来，并获得真正的解脱。

在自己构筑起来的墙内，每个人都是自恋的、扬扬自得的、自以为正确的。

例如，看起来最谦逊的人，骨子里也是以谦逊为荣的；看起来最痛苦的人，也是一边痛苦一边自大的。

所以，我们本能上都是抵触改变的，因为那意味着要拆掉这堵自恋之墙。

前不久，我一个朋友 X 去做近视眼手术。当被固定在病床上不能动弹，也不能说话时，她陷入了前所未有的恐惧中。

"好像我要死了，甚至比死还可怕，"她回忆说，"好像一切都消失了，一切都不存在了。我胡乱伸出手去，却什么都抓不住，就像是溺水了，却发现周围连一根可以起心理安慰作用的稻草都没有。"

为了对抗这种恐惧，她做了一件事情——胡思乱想，想象自己是待宰割的羔羊，而到底会有谁来救她。

这样一想象，她觉得好受了很多。

然而，我对她说，假若她不这样想象，不做任何对抗，而是听任自己沉浸在这种恐惧中，她最后就会得救。

说得救，是因为她是一个心理问题比较严重的女子。她极渴望与他人建立亲密关系，却很难与他人建立起稳定而高质量的亲密关系。在我看来，导致这一结果的核心问题是，她看不到恋人的真实存在。因为她越在乎对方，就越容易把她头脑中想象的恋人形象投射到对方身上，而这时对方就会觉得离她越远。

但为什么她会看不到恋人的真实存在呢？因为当和恋人在一起时，或和任何人在一起时，她的心理活动一直处于活跃状态，她一直在行动、想象或思考，她的心从来没有留下空隙。然而，只有当我们的心理活动能在某些时刻停顿下来，我们的心才能感应到对方的真实存在。

这是一个很普遍的道理，对于这个道理，明朝大哲学家王阳明用八个字做过概括："此心不动，随机而动。"

王阳明不败的秘密

王阳明是中国历史上最伟大的哲学家之一。在我看来，他堪与老子媲美。并且，他还可以当之无愧地被称为伟大的文学家、政治家和军事家。他的哲学绝非书斋里的空想，而是实实在在可以学以致用的东西。用到政治上，王阳明成了第一流的政治家，和他较劲的对手不管多强大，最后都败给了他；用到战争上，王阳明则成了对方眼中最可怕的军事家。

他提出"此心不动，随机而动"八字箴言时，正值江西的宁王造反，而他作为当地的最高官员负责平叛。当时，他的一个下属抱着一腔爱国热情想与宁王奋不顾身地作战。王阳明问："兵法的要义是什么？"这个下属答不上来，而王阳明随即讲了他的兵法要义，就是这八字箴言。

这是什么意思呢？

我的理解是，我们的心经常处于"妄动"状态，即一个念头接一个念头像滚雷一样不断地在我们心中炸响。然而，绝大多数人对自己的"妄动"没有觉察能力，套用精神分析的术语，这些没有被觉察的"妄动"就是潜意识。当我们被潜意识控制时，我们就会处于不同程度的失控状态。我们以为，自己是根据意识层面的某种想法去行动的，但其实，是我们没有觉察到的潜意识在驱使着我们这样做。

这时，我们的行动就有点像是"盲人骑瞎马，夜半临深池"。

宁王就是这样一个人，所以他后来犯了很多战略和战术上的错误。作为对手，如果王阳明的心也处于同样的"妄动"状态，他一样也会犯一些大大小小的错误。

然而，王阳明的"心"可以不动。如果他的心不动，就像是一面空明的镜子，宁王的"妄动"就会清晰地映照在这面镜子上，而其致命的缺陷就会被王阳明一览无余。结果，王阳明可以随时抓住宁王的漏洞，从而"随机而动"，不仅可先发制人，也可后发制人。

相反，如果我们的心先动了，并且还对自己的念头特执着，那么就会看不到事情的本相，而犯一些低级的错误。

在"此心不动，随机而动"的理念指引下，王阳明成了敌人眼中最可怕的军事家，他一生打仗无数，未尝有败绩。在他去世前一年，两广再次叛乱，其他人均无法平叛，朝廷不得已再请王阳明出山。孰料，叛匪一听说鼎鼎大名的王阳明要来，就立即投降了。

为什么越爱越孤独

以上都是太伟大的例子，有点扯远了，我们再回到 X 的小故事上来。

其实，X 的心也是先动了，而且动得很厉害，结果看不到事实的本相。

事实的本相很简单——医生是帮她的，而她已先动的心是恐惧中藏着被迫害的念头。即她对周围所有人都有戒心，她潜意识中认定所有人和她建立关系都是为了攻击和控制她。

她有这样的念头，也是因为她童年时有过这样的人际关系——她妈妈对她的控制欲望太强烈，这意味着她妈妈一直试图过分侵入她的空间。同时，她妈妈还一直给她讲人多可怕，让她一定要加强自我保护。这些加在一起令她的心很容易处于"妄动"状态——认为"别人都是来害我的"。所以，尽管她意识上知道医生是来帮自己的，但潜意识里却认为医生是害自己的，并因而充满了恐惧。

这不仅是她躺在病床上那一刻的感受，更是她时时刻刻的感受。这种恐惧就像是一种背景音，一直弥散在她的内心深处，令她时刻都处于不安全感中。为了对抗这种弥散的恐惧，她会忙碌地做事，喋喋不休地说话，拼命地学习和思考，总之是不能停歇下来。如果停歇下来，这种恐惧就会将她吞噬。

这样一来，对抗似乎是有道理的。

但是，假若她听任自己沉浸在这种恐惧中，不去做任何对抗，而是让念头或意识像水一样在心中流动，最后那一刻，她就会全然明白，这种恐惧到底是怎么来的。

印度哲人克里希那穆提称，唯一重要的是点亮你自己心中的光。假若 X 能在那一瞬间全然明白那种弥散的恐惧是什么，就意味着她在这一角落上的光被点亮了，这时她就会立即得救。

怎么才能做到这一点呢？克里希那穆提的方法是，不做任何抵抗，让心中的念头自然地流动。这时，我们会发现念头一个接一个，但当念头可以停歇时，真相会自然映现。

一个读者在我发在天涯论坛的帖子《谎言中的 No.1：没有父母不爱自己的孩子》留言中写到，她发现自己冷酷无情，经常不合时宜地哈哈大笑，最近一次是在看体育比赛时，两个运动员猛烈地撞在一起，其中一个被撞得鲜血淋漓。看到这一幕后，她哈哈大笑了起来。这引起了一起看球的丈夫的不满，他斥责她为何如此麻木。这样的事情屡屡发生，她也不懂，自己为何如此冷血。

后来，她按照克里希那穆提的方法做了一下，先是回想起她冷血时的画面，然后让念头自然流动。结果，在念头终于停歇时，她脑海里映现了一个暴力画面：爸爸一拳打在妈妈的脸上，妈妈血流满面。并且，在这个画面出来后，她心中有说不出的畅快。

这个画面就是答案。由此，我们可以看出，她之所以对运动员撞在一起不自觉地幸灾乐祸，是因为她的内心深处有"妄动"。具体而言，是她渴望爸爸揍妈妈一通。原来，她的妈妈喜欢挑剔和唠叨，爸爸喜欢沉默，而她觉得爸爸对妈妈忍让得太过分了，所以曾希望爸爸揍妈妈。可是，打人本来就不好，而她作为女儿又怎么能希望爸爸打妈妈呢？所以这种念头最初一产生，她立即和它进行对抗。对抗貌似成功了，这个念头她再也意识不到了。但这不过是压抑到潜意识中去了而已，并最终变成令她失控的"妄动"源头。

"小我"由无数妄念组成

德国哲人埃克哈特·托利在他的著作《当下的力量》中称，我们绝大多数人都被思维给控制住了，当头脑中出现一个念头时，我们不自觉地会去实现它。但如果我们能觉察到思维的流动，既不去实现它，也不与它对抗，那么我们就会很容易理解思维的合理和不合理之处，随即从思维中解脱出来。

对于这个读者而言，她产生希望爸爸揍妈妈一顿的念头乍一看是不好的，但这个念头的产生却是源自她对父母失衡的关系的自然反应。从这一点来看，这个念头的产生是合理的。但是，如果她继续让思维自然流动，那么她还会发现这个念头背后还藏着其他的念头。而一旦最后那个念头出现，她便会明白她与父母的三角关系的实质，然后自动放下前面那个暴力的念头。

埃克哈特·托利认为，无数相互矛盾的念头，以及围绕着这些念头的种种努力组成了我们的"小我"，也即心理学家所说的"自我"。通常，当你说"我如何如何"时，你说的其实都是这个

"小我"。我们很容易执着于"小我"，这时，"小我"就会成为一堵无形的墙，阻碍我们内心深处的"真我"与外部世界建立直接的联系。

每个人的"小我"都是不同的。有人喜欢追求快乐，将快乐视为最重要的事情；有人经常沉溺在痛苦中，视痛苦为必然；有人视助人为绝对原则；有人则将索取视为理所应当……总之，我们都在"小我"之墙所围成的院落内过着自以为是的生活。但不管这个院落内所奉行的法则看起来是多么美好或伟大，它们都是我们与其他人、其他存在乃至世间万物建立真实联系的障碍。

因此，尽管我们每个人都渴望走出孤独，与别人相爱，但这个最普遍的欲望却很容易成为奢望。

并且，这时我们越自以为是，越以自己的"小我"为荣，我们相爱的渴望就越会成为以我的"小我"消灭对方的"小我"的战争。

日本小说家渡边淳一写了一本名为《钝感力》的"心灵鸡汤"。其大意是，相对比较迟钝的人才更易与人相处，也更能忍受挫折，因为他的心比较钝。

这种说法是很有问题的。例如，心理学中所说的边缘型人格障碍者是最难与人相处的一种人，因为他们非常情绪化，渴望亲密关系，但一旦建立起亲密关系，又会忍不住大肆地攻击恋人。而恋人受不了想离开他们时，他们便容易有自伤甚至自杀的极端行为。

不过，自恋型人格障碍者却很容易和边缘型人格障碍者相处，因为自恋型人格障碍者普遍既自大又迟钝，由于他们心中那堵自恋的墙太坚硬了，边缘型人格障碍者的情绪化或许会给别人带来很大困扰，但却刺透不了自恋型人格障碍者的自恋之墙。

心不动的瞬间最有洞察力

不管我去哪里做讲座，最后都会有人问类似的问题：请问怎样才能让我的孩子或我的配偶变得更好？

提类似问题的人，都是缩身于"小我"的墙内，并试图将别人纳入自己的墙内，这怎么可能呢？

试着去了解一下你的内心，你一定会发现，你的头脑中有着仿佛永不停歇的念头。然而，如果你想发现世界的本相，你想真正看到别人的存在，你的心就必须有空隙。

以前，我经常自诩看人的眼光很厉害，一般是第一眼，最多不超过 5 分钟，我就会有一个清晰的判断，而这个判断也几乎从来没有欺骗过我。

现在，我明白，这不是我多厉害，而是因为和人初相识时，我容易有不那么自恋的瞬间。在那样的瞬间，我的念头之河停止了流动，心中出现了空隙。这时，我的心会自然而然地感应到对方的真实存在。

正如王阳明所言，我这时是"此心不动"。

对我而言，这样的时刻一般都是不自觉地出现的。假若我一开始就抱定一个念头，我非要把对方看清楚，那么，我反而容易出错。也就是说，这时我的心动了，而心一动，我看见的就是我的心投射到对方身上的自己的"妄念"，而不是对方的真实存在了。

所以，我赞成这种说法：重要的不是做什么，而是放下。若想看到别人和其他事物的真实存在，你至少要有某个时刻，可以放下你的"小我"。

远离你自我实现的陷阱

> 即使是一件微不足道的平常事，像在与别人的争论中，迫切地希望打败对方，以证明自己是对的，仍然是"小我"对死亡的恐惧而引起的。如果你以你的观点自居，把你的观点等同于你的"我"，当你错的时候，你这种以思维为基础的自我感就会严重受到死亡的威胁。所以你的"小我"不能承认错误，错误就等于"小我"的死亡。
>
> ——德国心理学家埃克哈特·托利

汶川地震发生后，一个朋友邀请我去他的心理咨询机构讲课，主题是灾后心理危机干预。

地震发生后，这类讲座盛行一时，绝大多数都是关于灾后幸存者的心理发展过程和如何进行心理干预的，并且还有一个比较标准化的资料和课程。我不想讲这个，我想讲讲我自己的反思。

我是 2008 年 5 月 18—24 日随同一个 47 人的心理志愿者团队去地震灾区的。回来后，我脑子里一直盘旋着一句话：地震打破了人们的幻觉，而我们再去帮助他们把幻觉建立起来。

依照那个比较标准化的材料，也依照我个人的理解，地震等重大灾难对幸存者造成的心理冲击主要有两点：

1. 受伤、亲人遇难和财产损失等实际丧失带来的痛苦；

2. 控制感被破坏。

关于第一点，并不适合在地震发生后不久进行处理，所以我们主要是针对第二点做工作。

什么是控制感呢？

这可以简单地概括成一句话："我控制着我的人生乃至周围的世界。"有些人可能明确地有这种想法，而多数人是无意中抱有这个意识，但地震等重大灾难强有力地告诉我们，我们能控制的事情很有限。

控制感被打破，会令一个人的人格暂时解体，他会从"我能掌控一切"的强大感迅速转向"我什么都做不了"的无能为力感。

但是，必须帮助幸存者恢复控制感吗？既然这本来就是幻觉，那么有没有可能，这也是一个机会，令当事人从幻觉中解脱出来呢？

睡眠浅是因为自恋

仿佛是为了考验我，在去这个机构讲课的前一天晚上，我遭受了一个小小的挫折。

当晚，我和往常一样，在晚上 12 点前躺在床上准备睡觉，但无法入眠，因为楼上不断传出类似用锤子砸钉子的声音，一直到凌晨 1 点的时候还没停。这令我很受不了，于是我打电话给小区的物业管理处，值班的保安答应过来查看一下。

然而，等了很久，这个声音还在继续。不得已，我再次给物业打电话，质问是怎么回事。对方回答说，没有人在装修，我所住的那栋楼，以及周围的两栋楼，没有一个房间是亮着灯的。

怎么会是这个样子？我有点不信，便穿好衣服出去查看了一下，发现果真如物业所言，没有一个房间是亮着灯的。

这一刻，我忍不住开始怀疑，莫非我有幻觉和被迫害妄想了？这可是精神分裂症的典型症状啊。

不过还好，赶过来的几个保安说，他们也听到了这个声音，只是没有人家亮灯，声音也不大，很难确定是从哪里传出来的，而且这时总不能挨家挨户去查看吧。

没办法，我只好回到自己家里，硬躺在床上试着令自己入睡。

逐渐地，我回想起 1996 年的一件事情。

那一年，我在读大四，决定考研究生。为了保证自己的学习时间，我和宿舍的哥们儿商定，每天中午和晚上的 12:30 前就要关上宿舍门，不允许别的宿舍的哥们儿进来闲聊，并且12：30后大家也不能大声说话和听音乐等。

说是商定，其实是大家为我牺牲，因为我们宿舍六个人中只有我一个人考研究生。我们宿舍的哥们儿都是性情温和的好人，总会彼此体谅。他们知道我这个人睡眠很浅，很容易被吵醒，所以愿意为我做这个牺牲。而接下来的长达四个多月里，他们也一直在贯彻这个"商定"，甚至还为此和别的宿舍的哥们儿发生过几次小小的冲突。

研究生考试结束的那一天，为了消除内疚，也为了表达我的感谢，我拿当时剩下的几百元积蓄请他们哥儿五个好好撮了一顿。回来后，我说："我再也不限制大家了，大家愿意怎么着就怎么着。"他们则说："你小子要是还限制我们，小心我们一起来揍你。"

结果，当天晚上，他们有人唱摇滚，有人很大声地打电子游戏，而我却可以酣然入睡。第二天早上，我感到非常惊讶，原来我是可以在很喧嚣的环境下入睡的，我并不是一定会那么神经过敏。

一旦明白"原来我是可以在很喧嚣的环境下入睡的"，我就很少再那样敏感了，几乎可以在任何条件下想睡就能睡着。

那么，为什么这个晚上，我再一次变得挑剔？这个晚上，和1996年的那个晚上又有什么相同的道理？这样一联想，我立即明白，我是在玩自恋的游戏。

我们都妄想控制世界

一说到自恋，我们会很自然地想到，一个人很容易以自己的某些条件自傲，譬如相貌、智商、家庭背景和学历等。然而，最核心的自恋不是这些。

最核心的自恋是控制感，即我前面提到的，几乎我们每个人的内心深处都认为"我能控制我的人生，我能左右世界"。围绕着这种感觉的，是自己很少能察觉的一些预言，如"我早就知道事情会这样运转的"。

这种预言被称为自我实现的预言，即如果我有了一个什么样的预言，我就会只关注与这个预言相符的信息，并且会将事情朝我所预言的方向推动，而事情一旦背离了这个预言的方向，我就会很容易受到刺激。

1996年考研前，我的一个预言是"我是一个睡眠很浅的人，很容易受到周围环境的干扰"，所以，我会对睡眠环境很挑剔，这种挑剔就是在捍卫我的这个预言，也就是在捍卫我的自恋。

但是，考研结束那个晚上的事情修改了我这个预言，我心中有了一个新的预言——"我是可以在喧嚣的环境下入睡的"，从此以后我就真可以实现它了。

那么，现在又发生了什么呢？我为什么又变得这么挑剔呢？

因为我现在住的小区环境很棒、很安静，长时间住在这里，我心中逐渐有了一个新的预言——"这个小区晚上很安静，很适合睡觉"。然而，这个晚上，那个莫名其妙的类似用锤子砸钉子的声音便挑战了我这个无形的预言，从而破坏了我的控制感。之后，我之所以打电话给物业，还爬起来试图去找到噪声的来源，都是为了捍卫我的控制感，捍卫我的自恋。

明白这一点后，我的身体放松了下来，而情绪也平稳了很多。

这时，我突然想，这个世界是何等孤独啊！我一个人躺在床上，并不能感受到这世上任何其他人的存在。既然我感受不到，那么其他人对我而言真的存在吗？

答案是否定的，这时其他人对我来说并不存在。

其实，不仅如此，当我白天在人群中穿梭，甚至和另一个人谈知心话时，别人一样是不存在的。因为我其实还是只对自己感兴趣，我貌似是在和对方交流，在努力理解对方，但我绝大多数时候并不能真切地感受到对方的内心世界，我甚至对他们都不感兴趣，所以他们并不存在。

想到这里，我开始对那个令我讨厌的声音有了一点好感。我想，这个声音是在提醒我，不要那么自恋，不要真以为世界是围绕着你转的。

随即，我开始试着去尊重并接受这个声音，慢慢地，我越来越放松，不知不觉中便酣然入睡了。

很多父母看不到孩子

第二天中午，我和请我讲课的朋友一起吃饭，外面突然下起了暴雨，而我们吃饭的房间是在顶层，哗哗的雨声几乎将我们谈话的声音淹没。这时，一个服务员送菜后没有及时关门，一个朋友大声提醒她关门，声音中有明显的恼火和不耐烦。

等服务员关好门出去后，我和他们谈起了我前一天晚上的感想，并想象说，假若现在让我在哗哗的雨声和雷声中睡觉，我相信我可以安然入睡，但如果雨声停了，有一个服务员用很小的声音来敲门，那我入睡肯定要难很多。

"为什么？"一个朋友问。

我解释说，因为我内心中接受了雨声和雷电是我控制不了的这个事实，但我不愿意接受一个人是我控制不了的这个事实。因为接受程度不同，所以内心的预言不同，这导致我会有不同的行为。

我说完这些后，刚才大声对服务员说话的那个朋友不好意思地说，看来他是无形中想控制那个服务员了。

这种对人的控制欲望无所不在，一个人在一个环境中越觉得自己有掌控感，他的控制欲望就会越强，而控制感被破坏后，他的反应也会很强烈。

历史上有无数这样的故事。某个人一旦大权在握，就很容易变得小肚鸡肠，任何人违逆他的意志，都会遭到他程度不一的报复。

这几乎是绝对的权势所导致的必然结果。本来，我们就生活在"我能左右一切"的幻觉里，如果一个人真拥有了这种权势，可以保证在他自己的权力范围内左右一切，那么他就会失去对别人意志的尊重，而肆无忌惮地打击一切不服膺于他这种幻觉的人。

同样，在家里，掌握着财权、话语权和力量等各种资源的父母很容易沉浸在"我能左右一切"的幻觉中，对孩子的控制欲望会达到登峰造极的地步。意识上，他们会很爱孩子，很想为孩子奉献，但事实上，他们很难看见孩子的真实存在，结果他们越想爱孩子，就越容易否认孩子的独立意志。

很多家长习惯在升学、工作和婚恋等关键时刻干涉孩子的事情，不让孩子按照自己的意志做选择。他们意识上会说，这是紧要关头，孩子的人生经验不足，他们的经验很重要，但潜意识上，根本不是这么回事。潜意识上，他们真正担心的是失控的感觉，他们惧怕孩子的发展轨道不在自己掌控之中，也担心孩子变成一个真实的、有自主意志和独立判断能力的人，从而不再是他们幻觉中的小孩。

近日，一个妈妈因为女儿的心理问题和我聊了很久。在和她聊天时，我昏昏欲睡，必须付出很大的努力才能不睡着。因为我感觉到，在她面前，女儿不存在，我也不存在，只有她自己存在。她滔滔不绝地讲她对女儿有多好，多么尊重女儿的意愿，每当女儿有重大选择时，她一定会和女儿商量。但是，"商量"的结果一定是，女儿按照她的意愿做选择。现在，她女儿所谓的心理问题，其核心就是和妈妈对着干，并拾起自己以前被迫放下的意愿。

有人一开车脾气就大，这也和自恋的幻觉息息相关。因为，很少有像车这样的物品，既强大、灵活，又听话，它不仅很大地扩展了你的行动能力，而且几乎完全听命于你。在完美条件下，开车会给我们"车人合一"的感觉，这极大地强化了我们"我能左右一切"的幻觉。

但这个幻觉很容易被打破，堵车、道路状况不好、有人抢道等，都会打破这种幻觉。这时，那些控制欲望很强的人，也即沉溺在"我能控制一切"的幻觉中的人就容易发展出暴力行为。据调查，美国公路上发生的枪击案，多数都是堵车和抢道等小事引起的。

爱上想法就会掉入陷阱

当我们生活在"我能控制一切"的幻觉中时，我们就无法和别人建立起真正的关系，因为没有任何人愿意被控制。那些貌似很依赖别人的女人，其实一样是生活在这种幻觉中，希望那个控制她的男人能够按照她的想象来控制她。假若她发现男人控制她的方式和她想象的很不一样，她一样会逃离这个关系。

对关系的渴求是最本质的生命渴求之一。然而，尽管我们每个人都渴望和某个人相爱，甚至渴望"合二为一"，但只要我们还生活在自恋的幻觉中，我们就不可能与别人建立起真正的关系。

那么，怎样才能走出自恋的幻觉呢？下面这些简单的办法可以发挥一些作用。

首先，去认识自己围绕着自恋所建立起来的自我实现的预言。

每个人的内心都藏着很多自以为是的想法。甚至可以说，我们每一个比较稳定的想法都是自以为是的，并且，对这些自以为是的想法，我们都有一定程度上的执着。因此，我们会去做一些莫名其妙的努力以捍卫自己的这些想法，而一旦觉察到这些想法，觉察到这些想法上的自以为是，以及我们对它们的执着，就可以在相当程度上放下它们。

在文章《我们心中都有一堵超级自恋的墙》中，我想表达的是，即便最消极的人也一样是超级自恋的。所谓绝望，并不是"什么都不要了"，而是最严重的自恋，也是最大的执着之一。绝望的核心是不甘心——"为什么我就不能得到我最想要的"，以及"我怎么做都没有用，在这一点上没有谁比我更聪明"。最终选择自杀的人，一样是处于自恋中，要么是复仇，要么是不愿意面对真相。

曾有网友在我发表的一个帖子中问我："道德是不是一种自恋？"我回复说："绝对是，而且会导致一个恶果——'圣人不死，大盗不止'，越想做圣人，就越需要找到大盗。而且圣人形象会自动激起一些人的反感，令他们自愿做大盗。譬如，多少坏孩子是因为父母逼他们做好人导致的恶果。"

这个"绝对"显然大有问题，我后来反省说："那一段是我比较得意的个人见解，所以写的时候扬扬自得，这个绝对不是关于道德的，而是加强我的自我价值感的。一得意了，就被蒙蔽了，所以要放下。"

我们所执着的一切看法中都藏着类似的扬扬自得，如果能清晰地捕捉到这种扬扬自得，就可以部分地放下了。

其次，去认识自己的幻觉被打破时的恐慌和愤怒。

如果知道愤怒从哪里来，就可以少发脾气了。如果意识到自己恐慌的含义，就可以少去控制别人了。

最后，也是最关键的，就是去认识我们为什么会执着于那些想法，为什么它们会成为形成我们自恋幻觉的养料。

譬如，一个朋友和我聊天时说："你'治'不好我，因为我不配合。"她说完这句话后开心地笑了起来，这种笑声中便藏着自恋的幻觉。

德国心理学家埃克哈特·托利在《当下的力量》一书中写道：我们很容易被我们的想法所控制，因为我们认同了这些想法，将这些想法等同于"我"，如果放下这些想法，就好像"我"要消融一样。

我们都是受虐狂吗？

通常，当下所产生的痛苦都是对现状的抗拒，也就是无意识地去抗拒本相的某种形式。

从思维的层面来说，这种抗拒以批判的形式存在。从情绪的层面来说，它又以负面情绪的形式显现。痛苦的程度取决于你对当下的抗拒程度以及对思维的认同程度。

——埃克哈特·托利《当下的力量》

"深夜时分，荒郊野岭处，一个女子，刚和丈夫吵完一架，郁闷之余冲到马路上来飙车。

"孰料，轿车突然熄火了，祸不单行的是，她还没带手机。

"幸好，她发现，路边不远处的山中有一栋亮着灯的房子，于是走去求借电话一用。

"房子的主人是一个老人，他答应借电话给她一用，但是，作为条件，她得回答他一个问题：

"'你是谁？'"

这是台湾作家张德芬的小说《遇见未知的自己》中一开始的情节。

这是一个最简单的问题，但也是一个最本质的问题。我们每个人有意无意中都在用生命回答这个问题，而对这个问题的不同回答，也决定了我们生命的质量。

在这部小说中，对这个问题，女主人公尝试做了很多回答：

1. 我是李若菱；

2. 我是一家外企公司的经理；

3. 我是一个童年不幸，现在婚姻也不幸的女人；

4. 我是一个身心灵的集合体。

但是，老人反驳说，这些回答都有局限，稍一质疑就会出现漏洞。你是你的名字吗？你是你的职位吗？你是你的经历吗？你是你的身体吗？你是你的情绪吗？你是你的心理结构吗？……

最后，老人说，除了被说滥的"灵"之外，她说的"我"都是"小我"，都是可以变化、改造、消失的，而"真我"是不会改变也不会消失的。用更哲学化的语言说，"小我"即幻觉，我们绝大多数人执着地将"我"认同为某些东西，而这些东西随时会破灭。

李若菱的回答显示，"小我"可以有许多层面的内容。不过，"小我"的核心内容是一对矛盾：对痛苦的认同和对抗拒痛苦的武器的认同。

我们的自恋需要以痛苦为食

人生苦难重重！

这是美国心理学家斯科特·派克在他的著作《少有人走的路》中写下的第一句话。

随着阅历的增长，我对这个看法越来越认同，因为实在没有发现谁不曾遭受过巨大的痛苦，甚至都很少发现谁当前没有什么痛苦。由此，我常说，大家都有心理问题，因为痛苦总是会催生一定程度的心理问题。

那么，有没有可能终结这绵绵不绝的痛苦？

对此，释迦牟尼指出了一条路：开悟。他宣称：开悟就是痛苦的终结。

但是，能达到"痛苦的终结"的人极少，而我不断发现，人们对自己的痛苦都有一种热爱。

例如，在团体治疗中很容易出现"比惨"，参与者会在言谈中要么暗示，要么公然宣称："我才是最悲惨者。"

又如，在和人聊天的时候，我常听到有人带着自豪的语气问我："你说，还有谁比我更加悲惨吗？"

并且，我越来越明白，绝大多数人的生命是一个轮回。几乎没有谁不是不断地陷入同一种陷阱，然后以同样的姿势跌倒，最后发出同样的哀号，但在这种哀号声中，又总是可以听出浓厚的自以为是的意味。

如果不够敏锐的话，我们就听不到这种自以为是的腔调。不过，有个机会可以让我们看到自己是如何执着于苦难的轮回的。那就是，奇迹发生了，某人的人生悲剧可以不继续了，这时你就会发现，这个人对此是何等惆怅。

一个国家，有一个剪刀手家族。

所谓的剪刀手，就是每只手上只有两根手指，是一种先天畸形。这个家族中的男人都是剪刀手，剪刀手的爷爷生了剪刀手的父亲，剪刀手的父亲又生了剪刀手的儿子……

这算是一种悲惨的轮回吧。不过，这个家族展示了人性的坚韧。他们没有因此而自卑，反而以此谋生，一直利用这个先天的残疾，在马戏团里做小丑。

后来，这个家族生出了一个双手均有五根手指的健康男孩，这个不幸的轮回可以终结了。但对此，他的父亲非常失望，因为儿子不能继承父业了。

这是网友 aw 在我的博客上提到的一个故事，这个故事显示，人会恋念曾经的苦难。

这是为什么呢？

因为，在和苦难抗争的过程中，我们形成了对抗苦难的武器。但是，如果没有苦难了，武器还有存在的必要吗？

试着去问自己这个问题，你会发现，你很容易爱上你发明的武器，你不愿意它被放下、封存甚至销毁，你无意中渴望它一直发挥作用。这就意味着，它所针对的痛苦应一直存在下去，否则它就没有存在的意义了。

本来是用来消灭痛苦的，但最后却出现了相反的结果：武器的存在需要以痛苦为食。

这是一种特定的联系，即某一种武器总是需要以某一类痛苦为食。

每个人的命运中都有一种似乎特定的、频繁出现的痛苦，而它之所以不断轮回，一个关键原因是我们的"小我"所创造的"伟大"武器需要它。

譬如，一个女子的父亲是酒鬼。很小的时候，她就得忍受醉酒后的父亲的辱骂和折磨，还要用她孱弱的身体去照顾他。

意识上，她痛恨酒鬼父亲，发誓以后一定要选一个绝不会酗酒的男子做自己的人生伴侣。但是，她成年后爱上的几任男友都是酒鬼，其中多数一开始便是酒鬼，有一名男子一开始不是酒鬼，但和她相处很久后逐渐变成了酒鬼。

为什么会发生这样的事情？关键原因在于自恋，即这个女子"爱"上了自己发明的武器系统——对抗一个醉酒的男子所带来的痛苦的系列办法。她为了维护这种"自爱"，也即自己发明的这一套对付酗酒男子的办法，就只有去重复这一类痛苦。

抗拒痛苦，所以恋念痛苦。

太渴望"好"，会导致对"坏"的执着

并不仅仅是痛苦才会催生"小我"的武器，其实对任何过去经历的恋念都会导致这一问题的产生。

最初，当我们还是一个婴儿时，对"好我"的恋念和对"坏我"的抗拒已然开始。

每个孩子一开始都是自恋的，他会认为，周围一切事情的结果都是他所导致的。当妈妈亲近他时，他会认为，是他此时的想法或行为令妈妈亲近他，所以他此时的"我"就是"好我"；相反，当妈妈疏远他时，他会认为，是他此时的想法或行为导致了这一结果，所以他此时的"我"就是"坏我"。

这是最初的"小我"的产生。前不久，在接受我的采访时，张德芬说，我们多数人最初在自己家中会获得两个经验：

其一，学习否认自己的情绪和感受等一切内在的东西，而以父母的外在标准来看待自己；

其二，否认自己的价值，深深地认为自己是一个弱小的、无能的小东西，离开父母就不能生存。

这两个经验结合在一起，会令我们对"好我"特别执着，对"坏我"充满恐惧。譬如，张德芬自己的"好我"就是卓越。在她的前四十年人生中，她一直在处处争第一，这既是因为"好我"会带来奖赏——最初势必是父母的奖赏，也是因为对"坏我"充满恐惧——"如果不卓越，就没人（最初也是父母）爱你，你就会死去"。

这是一对矛盾,"坏我"总是"好我"的对立,一个人意识上对"好我"很执着,也意味着他潜意识上对"坏我"同样很执着。很多特别渴望考第一的学生,一旦真考了第一,就会感觉到恐惧,万一下次成绩下降怎么办?有些学生是因为好奇而爱上学习,他们也会考第一,但这是好奇心得到满足的一个副产品,而不是主产品,所以他们不会对考试产生失败的恐惧。

我前面提到,"小我"是幻觉,这一点,只要多看一下人们所执着的东西就会明白了。

有的人显得特别依赖。对他们而言,依赖的"我"就是"好我",而"独立"的"我"就是"坏我"。他们对依赖这么执着,对独立这么恐惧,是因为父母喜欢他们依赖。当他们表现得弱小无助的时候,会获得父母的关注与照料,但如果表现出独立的倾向,就会被忽视、批评、否定甚至虐待。

有的人显得特别独立。对他们而言,独立的"我"就是"好我",而"依赖"的"我"就是"坏我"。他们对独立如此执着,对依赖如此恐惧,是因为他们和依赖者有截然相反的家庭。在他们家中,很小的时候,他们就被迫独立,有的父母在孩子一出生就开始挫折教育了,而当他们表现出依赖时,很容易遭到忽视和打骂。

于是,当这样两类人出现在同一类情景中时,就会表现出完全不同的风格,依赖者拼命依赖,而独立者拼命独立。而且,一旦危机出现,依赖者会表现得更依赖,独立者会表现得更独立。

这难道不是很荒谬吗?

克林顿为什么是希拉里的绝配

追求"好我"并压抑"坏我",这是每个人的"小我"的核心逻辑。可惜,我们居然都是从与父母或最初的养育者的单一关系中发展出如此宏大的逻辑的。这严重阻碍了我们活在当下,令我们总是依照在遥远的过去所形成的逻辑来判断当下的事情,从而不能如实地看待当下的处境,并根据当下的需要做出恰如其分的选择。

这并非仅仅是童年的特点,我们绝大多数人总是活在过去,因为我们会很容易渴望"重复快乐"和"逃避痛苦"。这种渴望乍一看没问题,但关键在于我们渴望的是"重复过去的快乐"和"逃避过去的痛苦",而不明白任何事情一旦发生就已成过去,它绝对不可再复制。这便是古希腊哲学家赫拉克利特的名言"人不能两次踏入同一条河流"的寓意所在。

有趣的是,执着于"好我"而惧怕"坏我"的结果是,"好我"与"坏我"总是不断同时重现于自己的人生中。

这种重现首先出现在自己身上。一个看上去极端自信的人势必是自卑的,我们常用"又自信又敏感"来形容这类人。所谓敏感就是对别人批评他、不接受他很惧怕,这就是自卑的体现。

这种二元对立的现象无处不在。不管在什么地方,当我们追求这一方向的事情时,相反方向的力量势必会产生。

这很容易理解,正如一个天平,当我们在这边加砝码时,那边也得加,否则天平就会失去平衡。

因而，当你追求卓越的程度是 10 分时，你惧怕失败的程度也会是 10 分。

同样，当你追求善良的程度是 10 分时，你憎恨邪恶的程度也会是 10 分。于是，一个绝对的理想主义者一旦获得权力，他一定会是一个暴徒，因为他会严重排斥不符合他的理想的所有人，并最终对这些人动起杀机。

一个绝对的理想主义者的内心是分裂的，而他的分裂几乎总是先产生于他的家中。父母的奇特教养方式令他发展出对"好我"的极度执着和对"坏我"的极度恐惧。他们的"好我"会披上理想主义的外衣，但其核心常常是"强大"。他们看似是不能容忍理想主义被破坏，其实是不能容忍弱小。

目前流行的"吸引力法则"称，世界的奥秘是同类相吸，即有同样心念的人很容易产生共振。

但是，依我的观察，二元对立导致的异性相吸更为普遍。

克林顿对希拉里有致命的吸引力，而他们的自传均显示，迥然不同的性格是他们吸引彼此的秘密所在。如果说，希拉里的理智和自制力可以打到满分 10 分，那么克林顿的感性和制造麻烦的能量也差不多可以打到满分。

这个著名的爱情故事中的心理奥秘是，克林顿的心中有"希拉里"，而希拉里的心中也有"克林顿"。

具体而言就是，克林顿的"好我"是"不羁"，"坏我"是"自制"；而希拉里的"好我"是"自制"，"坏我"则是"不羁"。克林顿不敢"自制"，而希拉里则不敢"不羁"，他们在极力发展自己的"好我"时，也是在极力排斥自己的"坏我"，生怕那样一来就没有人爱自己，就会死去。

但这样一来，他们的内心就严重失衡了，而追求内心的和谐该是一个根本性的动力吧。所以，自制的希拉里和不羁的克林顿早就在彼此渴望了，他们是彼此的命定情人。

她太节俭，所以丈夫会大手大脚

一对夫妻，妻子很节俭，而丈夫则大手大脚。妻子对丈夫这一点很不满，希望他能变得和她一样节约。

但是，我在和她聊天中发现，她最初之所以对他有感觉，正是因为他的豪放和热情。

并且，仔细回顾他们的爱情史，她便会总结出一个大致的规律：丈夫的大手大脚程度，和她节俭的程度是相匹配的；她越节俭，丈夫会越大手大脚。

在我看来，这是他们潜意识的平衡的需要。她意识上越追求节俭，潜意识中追求奢侈的动力就越强，但她视奢侈为绝对敌人而彻底排斥。结果，丈夫就帮她实现了潜意识的愿望。

这种动力并不仅限于夫妻之间，也常出现在亲子之间。我们常看到，父亲一辈的人勤俭持家，视奢侈为绝对敌人；而儿子一辈却成了败家子，很快将家产给败尽。如果仔细探求其中的动力，也可以说儿子辈是帮父辈实现了他们深藏在潜意识中的奢侈愿望。

　　读历史小说，可以发现明朝历代皇帝中常有这样的事：一个节俭的皇帝父亲有了一个奢靡的皇帝儿子，一个超爱劳动的皇帝父亲生了一个超爱玩闹的皇帝儿子……

　　自然，不是所有的家庭都是这样互动的。如果节俭是有现实基础的，而不是出自对"坏我"的排斥，那么，就不必有一个奢侈的配偶或孩子来做平衡了。

　　有些强迫症患者每天洗手近百次，把手洗破了都停不下来。看上去，他们是在追求极端的洁净，但如果深入地观察，就会发现，他们潜意识中必定藏着对"脏东西"如欲望般的渴望。

　　二元对立是心理学所说的自我结构，也即"小我"的核心机制。"小我"主动产生的念头势必会产生相反的作用力，所以我们并不能"心想"出一个美好的新世界来，而"小我"所追求的"好"总是由别人的"不好"来衬托的。

　　广州的一个打工仔，每个月能挣约2000元，他只留100元，而将剩余的钱都给太太。他的太太每隔一段时间会失踪一次，钱花光了就会再回来。一开始，她说自己是出去经商了，后来她承认，她是去吸毒贩毒了，而且每次都是去投奔情人，她有多个情人。

　　就是这样一个太太，当她坚决要和这个打工仔离婚时，他悲恸欲绝。

　　难以理解他为什么不肯离婚，这婚姻于他似乎有百害而无一利。但和我聊了近三小时后，他承认，他以前也鬼混过。他14岁就来广东，前八年时间都是在坑蒙拐骗抢。后来，他找到了现在的工作，才深深地体会到，这种踏实的生活多么好，并为之前荒废的八年而痛惜，但这八年时光不可挽回了，而他又渴望挽回。这正是他找一个"坏女人"的深层原因，他希望能通过拯救这个"坏女人"而实现拯救"坏我"的目的。

受虐的好处：道德正确 + 逃避责任

和他聊天时，我发现，他对自己是"拯救者"这一点非常自得，当几次讲到她带着他的钱离家出走时，他的脸上神采飞扬。

并且，表面上，他对妻子很宽容，容忍她吸毒，容忍她找其他男人，但我可以感觉到，他那双犀利的眼睛一直在盯着她的缺点。当发现她的缺点时，他虽然不直接批评，但会用种种言行巧妙地让她知道，他注意到她的问题了。显然，这一定是"好"与"坏"并存，他没有看到她的独立存在，而是将她视为一个工具，一个可以将被自己严重压抑的"坏我"投射的对象。

本来，他的内心中有严重冲突，他想做好人，但做过八年坏人的事实无法否定，这令他很痛苦。现在，他将"坏我"投射到妻子身上，自己以"好我"自居，内部的冲突转化为外部的冲突，将改变自己变成改变妻子，他就可以舒服多了。

这个故事是我们共同的故事，我们的"小我"中都藏着很多二元对立，这些二元对立令自己的内心感到痛苦，于是我们将这种内在的冲突投射到外部世界中来，这样自己就轻松多了。

所以，许多哲人称，外部世界的冲突，典型的如两次世界大战，其实都是我们内心冲突的转化。表面上，战争多是类似施虐狂的战争狂人们制造的，但实际上这是一个互动的结果，因为他们想攫取权力的话，没有受虐狂们的配合是不可能的。

常见的受虐狂有两种：一种是"拯救者"，一种是"受害者"。

我参加过一个关于家庭系统排列的工作坊。在两天的团体心理治疗中，出现了几个震撼人心的个案，疗效惊人，也出现了几个无法进行下去的个案。而这几个个案都有相同的原因：当事人宁愿以受害者自居，却不愿意做出真正的改变。

成为受害者该多痛苦、多受伤啊！但是，受害者有一个道德的制高点：你伤害了我，所以你应该对我的痛苦负责。

在我写的两篇关于自恋的文章《我们心中都有一堵超级自恋的墙》和《远离你自我实现的陷阱》中讲到，"小我"对幸福和快乐并不感兴趣，"小我"最感兴趣的是"我是正确的，我早知道这个世界是怎样运转的，谁比我更聪明啊"。

那么，成为受害者是最容易获得正确感的途径，施害者一旦发动攻击，那么他们就铁定被按在道德错误的位置上了。

此外，以受害者自居还意味着不必对自己的人生负有责任。在受害者的内心中，负有责任意味着"我是错误的"，这就挑战了"小我"的自恋需要。

渴望做英雄的拯救者自己首先是病人

在这个工作坊中，有一幕对我触动很大。当时，一个学员问主持工作坊的郑立峰老师，他扛的东西太多、太重，想放下，该怎么办。郑老师说，不多，别放下！他建议这个学员抱起一个凳子，然后对他说，这多好，抱凳子可以令自己强壮啊。这位学员显然还真以为郑老师赞同他抱凳子。于是，郑老师建议他再多抱几个凳子。

这时，我想到了自己。现在，我的心理学功底强了很多，而我分明感觉到，我怀里抱着的凳子也多了很多，尤其是从2007年年底到现在，我感觉自己的内心出现了几次飞跃，对人性的理解又深了几个层次。但同时，一个又一个重量级的负面事件在我身边出现。

我想，这也是我的内心逻辑在我周围世界投射的结果。我的价值感的重要源泉，也即我的"小我"的重要养料是"我能救人，这真棒"。结果，这个逻辑在我的周围世界不断升级，我"救人"的能力越来越强，而需要我救的问题也越来越多。

但是，我真能救人吗？我真希望自己能救人吗？我还是更希望"周围世界永远要有大病人，那样我这个英雄才有用武之地"？

这种愿望听上去不错，但依照前面的分析，当我的"小我"的重要结构是"英雄拯救病人"时，那就意味着，"英雄"和"病人"这个二元对立的矛盾都是我自己的一部分。而且，假若世界上只有两个人，我做英雄的代价自然是另一个人做病人。

那个学员在向郑立峰老师请教时，其实是在炫耀"我是拯救者"，并且隐约还在渴求一个完美结果："我能不能既享受拯救者这一角色的价值感，又放下很累的痛苦。"

"小我"中藏着很多这种渴望：我能不能彻底自信，我能不能既享受受害者的正确感而又不遭受受害者的痛苦，我能不能有一个既愿意包办我的生活又给我自由的配偶，我能不能要一个只对我好而对别人都蛮横的老公……

二元对立的"小我"结构只能导致优点和缺点并存，并且优点几乎总是缺点的另一面，我们选择了优点也就同时选择了缺点。我们能做的，不是只要优点而不要缺点，而是在接受优点的同时接受缺点。

不过，如果我们想做到接受别人，如配偶的优点和缺点并存，首先要做的是接受自己的"好我"与"坏我"的并存。那位过度节俭的妻子，她如果能接受渴望享受的"坏我"，减少她的节俭的"好我"和渴望享受的"坏我"的内心冲突，那么她就会接受丈夫的大手大脚。这时，神奇的事情就会发生，她丈夫的奢侈程度会自动降低。

但是，"小我"能彻底被放下吗？我们能否走出二元对立的困境呢？

我们为什么爱评价?

"你有什么感觉?"

2006年10月,我在上海中德班学精神分析时做过"病人",看了6次心理医生。而在每次50分钟的咨询中,我的心理老师经常长时间地保持沉默,而一旦开口讲话,多以这句话开始。

现在,我自己也开始做咨询。对我的来访者,我也常常试着问这个问题,但发现,让来访者谈感觉是一件困难的事。

其实,别说是来访者,就算在心理咨询师圈子内,谈感觉也不是一件容易的事情。我曾数次参加心理咨询师的个案督导。在督导老师的指引下,一个心理咨询师先讲述自己的个案,然后督导老师让大家讲话。结果,尽管督导老师一再强调谈感受,但大多数人仍然一上来就是评论性的言语。

可以说,喜欢评价是一个普遍现象,不管在什么地方,人们一旦开口，讲出来的多是评价，而很少是感觉，遑论纯净的感觉。

纯净的感觉是天籁之音。一次一个朋友表达出她单纯的悲伤，那是天籁之音。一个小混混写出了他打群架时忘我境界中的感受，纯净至极，那也是天籁之音。

但可惜，纯净的感觉难得一见，而评价却无处不在。一部被期待的电影公映后，总会出现无数文章，但文章中很容易见到高智商的文字游戏，而很少见到纯净的感受。

我们为什么会如此热衷于评价，而对感受却如此疏离？

评价者真的在乎被评价者吗？

从表面上看，我们爱评价的一个原因是：我们对别人太感兴趣了。

因为，当使用评价时，我们的焦点几乎总是对准别人，而不是自己，并且势必会有褒贬。

所以，在心理治疗的个案督导中，当有的心理咨询师对别人的个案进行大肆分析或评价时，督导老师会提醒说："请讲话时多以'我'开头，少用'你'开头的句式。"

这个提醒是为了让讲话者把焦点对准自己，但这很少能带来真正的改变，因为"你……"的句式很容易变成"我对你的感觉是……"这时的感觉并非感觉，仍是评价，只是借用了"感觉"这个词而已。

在这样的沙龙中，每当听到褒贬的话时，我很容易感到难受。稍稍成熟一点的心理咨询师很少采用尖锐的批评，而是多给予夸奖，但夸奖和批评一样令我感到难受。夸奖的意味越明显，我难受的程度也就越强。假若碰巧刚有人讲了感觉，还是很纯净的感觉，再突然听到明显的褒奖，我会觉得，这就仿佛是在入迷地听一首纯音乐时突然传来电钻刺耳的声音。

不管心理咨询师多么高明，当他将焦点对准别人而进行喋喋不休的评论时，我都会有这种感觉。

类似，在其他任何场合，当有人这样做时，我一样会感到难受。并且，我尤其惧怕那种只谈自己的过错而不谈自己的动机和责任的人。

这样的人会不断地强调"某人伤害了我"或"只有某人才能令我快乐"，听这样的话纯粹是在浪费时间。因为我们不能改变别人，只能改变自己，所以除非一个人能明白自己在一件事情中的动机和责任，否则事情不可能出现好的转变。

譬如，一个女子说，一个已婚男人引诱她，得到她又抛弃了她，他实在太该死了，他明明知道她是何等脆弱，为何还这样残酷地伤害她?!

但是，她一开始就知道他是已婚的，他既未欺骗她，也未强迫她。他是引诱她，而她也是投怀送抱，他要为选择她负责，她也要为他选择她负责。

倾听这样的故事，对貌似不幸的人表达同情。以前我会这样做，但现在越来越少，因为我明白这终究只是浪费时间罢了，而且还强化了他们对自己是一个受害者角色的执着。

不仅如此，我在演讲中也常讲到这一点：心理学学到最后，就会失去同情心。因为你总会发现，在不是非常明显的强迫情形下，不幸总是不幸者自己选择的结果。

既然评价总是针对别人的，那么，评价者真的对被评价者感兴趣吗？

要明白这一点，你只需做一次被评价者就可以了，而这又实在太容易不过了。那时，你很容易感受到，在喋喋不休的评价者面前，你不存在。

因为，评价者对别人不感兴趣，他看起来是将焦点对准了你，但其实，他感兴趣的只是将他的"小我"投诸被评价者之上，而对于评价者自己怎么看待自己，他没有兴趣。

治疗中的沉默会令沟通更加流畅

在采访时，我发现一个现象——不少心理医生谈不出细节来。当叙述起一个心理治疗的个案或他们所知道的一个故事时，他们很喜欢讲自己的分析或大理论，但当问起故事的细节，或治疗中关键的转变时，他们常哑口无言。

每当碰到这样的情况，我会想，在他们面前，来访者到底存在吗？所以，后来再采访时，我只会选择那些能讲细节的心理医生。

现在，我做心理咨询了，发现类似的问题也出现在我身上。

我很关注细节，但是，无论是和人聊天，还是做心理咨询，我发现自己虽然会耐心倾听，却容忍不了沉默。沉默稍一发生，我便会不由自主地开口讲话，制造一些话茬儿，好使对话继续下去。

终于，在一次咨询中，我迫使自己沉默，不去急着接话茬儿，更不去制造话题。结果发现，沉默使得咨询过程变得更有弹性，也更加流畅。

这是为什么呢？

从表面现象看，我容忍咨询室中出现沉默后，来访者的表达更多了。

从深层原因看，我容忍咨询室中的沉默，是在限制我的表达，限制我在咨询室中的表现。自我表现的时间少了，来访者表现的时间自然会增多。

用更准确的语言说，咨询室中的沉默，就是心理医生在限制自己"小我"的表达。当心理医生的"小我"在咨询室中退位时，来访者的"小我"也会在一定程度上消退，而被"小我"所掩盖的东西就会映现出来。

每个人的"小我"都活在自以为是的投射和认同的游戏中，即"小我"假定自己早就掌握了自己人生和周围世界的规律。而在人际关系中，"小我"会将某些东西投射到对方身上，对方一旦有了反应，"小我"则会特别关注符合它所投射的内容。放到咨询室中，即来访者在传递信息时已做了假定——"我早知道心理医生会怎样反应"，并会在心理医生的反应中寻找符合自己假定的内容。

　　来访者的投射很多时候会取得成功，心理医生会不自觉地中了来访者"小我"的圈套，从而认同来访者投射的内容并给予回应。

　　例如，习惯依赖的来访者，会表现出"我这么无助，请你帮帮我"的样子，而心理医生则会对这样的来访者给予分析和建议。然后来访者会表示，医生你太棒了，你真是我的大救星，而心理医生也有了价值感……

　　这是来访者的投射与认同的游戏，而心理医生也会有自己的投射与认同的游戏。一些在咨询室中很强势的心理医生，他不断地说话，不断地接话茬儿，其实就是不断地满足自己作为一个心理医生的价值感而已。

　　假若心理医生和来访者都在喋喋不休地说话，那么，他们的话茬儿可能看上去接得特别好，但事实上，这不过是两个人孤独的心理游戏而已。尽管来访者的一些"问题"会暂时被解决，但从根本上却会强化来访者"小我"的逻辑，让他对自己的这些逻辑更执着。

喋喋不休的人只对自己感兴趣

　　譬如，如果一个心理医生能化解一个依赖成性的来访者的所有疑问，那么，这个来访者就会对自己的依赖逻辑——我越无助别人会越爱我——更执着。他会认为他的人生答案就在于找到一个好的依赖对象，而不是他自己。

但是，如果咨询室中出现沉默，这个投射与认同的游戏就会被打断。当心理医生既不接话茬儿也不制造话题时，来访者投射的内容就会反转到他自己身上，从而对自己投射的内容有了一个觉知的机会。

所以，可以说，心理医生的沉默，反而在咨询室中营造了一个空间，可以让来访者更好地觉知自己，而这是最重要的。正如印度哲人克里希那穆提所说：唯一重要的是点亮你自己心中的光。

两个人都喋喋不休地说话时，看起来是他们彼此理解，但这常常是一种假象，他们其实看到的都是自己：我在你的讲话中索取我"小我"的养料，你在我的讲话中索取你"小我"的养料。因为两个人的"小我"貌似很像，所以两个人都以为遇到知己，但这不过是遇到了自己的投射而已。

一次，我见到两个来访者一起讲述他们看心理医生的经历。A 说第一句，B 接第二句，A 接第三句，B 接第四句……他们都是在分别讲述自己的体验，根本没有理会对方的话语，但其内容却丝丝入扣，连接得仿佛天衣无缝，让我和其他听众目瞪口呆。最后，我们这些听众还在震惊中时，他们两人已彼此引为知己，深恨相识太晚。

这让我想起了十几年前的一次经历。当时，我去一个心理热线实习，观摩一个心理志愿者接电话。听众讲到了她童年时被针扎到的疼痛和没人管的辛酸。听到听众的故事，那个志愿者特别兴奋，因为她童年时也有一次被针扎得鲜血淋漓。她开始讲述她的体验以及后来的感悟，最后问对方："你和我是一样的吧？"对方显然没有认同，在沉默中挂掉了电话。

看起来，这个故事和前面的故事完全不同，因为前面的两个来访者似乎有了共鸣，而后面的听众显然对心理志愿者起了抵触心理。但是，这两个故事真的有什么不同吗？前面两个来访者，他们真的是知己吗？所谓知己，是"你深深地知道我自己"。但我认为，这两个人不过是在对方身上看到了自己而已，他们根本就没有看到对方的真实存在，也对此丝毫不感兴趣，例如他们在那番"对话"中根本没有给予彼此回应。

你可以仔细观察任何两个在喋喋不休的人的对话。在多数情形下，你都可以看到，他们说得越高兴，就越是对对方不感兴趣。

在那些特别有表现力的影视作品中，两个相爱的人之间常会出现长长的沉默，但这沉默不是令他们更远，而是令他们更近，便是同样的原因。

我们内心越矛盾，就越自恋

德国哲人埃克哈特·托利在他的著作《当下的力量》中称，绝大多数人会犯一个致命的错误：将"我"等同于思维。关于这一点的最经典表述是法国哲学家笛卡儿的名言"我思故我在"。我在《远离你自我实现的陷阱》中也谈到，因为我有一个想法——"我是一个睡眠很浅的人"，于是我果真被这个想法所左右，真的变成一个很容易被惊醒的人。这类故事典型地反映了我们是怎样被自己的思维所控制的。

思维只不过是"真我"的一个功能而已，而我们却将思维视为"真我"自身，这导致了我们各种各样的问题。

"真我"是恒定不变的，如果我们能与"真我"合一，那么我们将会获得真正的安全感。相反，由无数种思维组成的"小我"是一直处于变化中的，所有的想法都是有严重局限性的，而每一个想法的消失都会令"小我"感觉到自己要死去，所以，惧怕死亡的"小我"会极力维护自己的想法，以此维护"小我"的恒定性。

这是我们喜欢评价的根本原因，评价自然是来自思维，而我们如此挚爱评价，是因为我们在多数情况下将"我"等同于思维，但这只是"小我"而已，而非"真我"。

"小我"的重要特征是自恋和二元对立。自恋，即"小我"会认为自己左右着世界，而"小我"既然是由无数种想法组成的，那么这种自恋的具体表现就是捍卫自己的所有想法，不管这些想法是什么，都急于将其付诸实施。

二元对立，即"小我"是矛盾的，"小我"的任何一个具体想法都有其对立者。譬如追求成功的对立是惧怕失败，渴望快乐的对立是惧怕悲伤……

二元对立带来了冲突，"小我"本身就是相互矛盾的想法的争斗，这种内部冲突令"小我"感到痛苦，于是"小我"渴望将内部冲突转化为外部冲突。那样的话，"小我"的痛苦不仅会有所减轻，而且外部冲突中的优势感还满足了"小我"的自恋需要。

结果，原本内心中喋喋不休的念头的争斗变成了外部的争斗，而评价便是外部争斗的初级表现，再发展下去便是控制、暴力和战争。

怎样才能放下评价，停止想喋喋不休的思维，而拥有清澈的感受呢？

一个很好的办法是，允许"空"的出现。

沉默便是"空"。在咨询室中，如果心理医生容纳沉默的发生，并帮助来访者捕捉到沉默中的信息，那么会帮助来访者认识到自己投射和认同的游戏，而这些游戏都是极具局限性的。例如，依赖者以为自己只有依赖别人才会被人爱，控制者以为自己只有强大才会被人爱，但这是真的吗？只要能清晰地觉察到这个游戏，来访者便会很容易明白，自己所执着的逻辑是非常片面的，自己完全可以换一个活法，甚至换无数种活法。

聆听：你能给别人的最好礼物

在普通的人际关系中，如果一个人能不加评价地倾听并容纳沉默的发生，一样可以导致类似的结果发生。对此，德国哲人埃克哈特·托利在他的著作《当下的力量》中给出了引人入胜的描绘：

当倾听别人说话时，不要仅用大脑去聆听，还要用整个身体去聆听。在倾听的时候，去感受你内在身体的能量场，从而将你的注意力从思维中带走，创造一个真正没有思维干扰的、便于真正倾听的宁静空间。这样你就会给予其他人空间——存在的空间。这是你可以给别人的最珍贵的礼物。大部分人不知道如何去倾听别人说话，因为他们的大部分注意力都被思维所占据。他们赋予自己思维的注意力比赋予别人说话内容的注意力要多得多，而对于真正重要的东西——别人话语和思维之下的本体，却丝毫没有留意。当然，你只能通过自己的本体才能感受到别人的本体。这体现的就是合一，就是爱的开始。在本体更深的层面上，你与万物是合一的。

这是"空"在人际关系中的作用。在其他关系中，"空"也具有神奇的力量。

我爱玩摄影，而资深的摄影爱好者知道，一张好照片的一个特征便是有"空间感"。要拍出这样的照片，就需要去注意取景范围中的空间，而不是将注意力全放在实物上。

并且，想拍出任何一张好照片都需要先腾空自己的脑袋，也即放下自己的思维，那样才能将注意力投诸被拍摄的对象上，从而能用心碰触到被拍摄对象的迷人之处。如果你将注意力放在自己的思维上，不管你怎么拍，都很难拍出震撼人心的照片。

一张照片并非仅仅是对拍摄物的表现，一张照片表达的是一种关系，是你的"真我"与被拍摄物的本真的关系。

心理咨询也一样，心理医生并不能"治好"来访者，而是提供一个关系，这不是心理医生野心勃勃的"正确小我"与来访者"错误小我"的较量，而是心理医生的"真我"与来访者的"真我"相遇。哪怕这样的相遇只是一瞬间，它也足以颠覆来访者的"小我"对自己某一片面逻辑的执着。

急于追求确定感，就会丧失创造力

为什么一个好的心理医生会不断地问来访者的感觉，一个好的督导老师又不断地问被督导的心理医生的感觉？

这涉及一个核心问题：感觉是什么？

对此，印度哲人克里希那穆提的回答是：感觉是我的本真与其他存在的本真相遇那一刻的产物。

不过，因为关于感觉的说法很多，不妨给这一定义加一个形容词：纯净。纯净的感觉是我的本真与其他存在的本真相遇那一刻的产物。

依照这一定义，假若你执着于"小我"，你也就不可能与其他存在的本真相遇了。

所以，不管一个心理医生掌握了多少知识，那些知识必定是思维层面的内容。如果他执着于这些知识，他就不可能与来访者的"真我"相遇，好的疗效也就不能发生。

一个心理医生执着于自己的知识体系，也就是执着于"小我"的自恋——"我早就知道咨询室中会发生的一切，我能左右咨询室中的一切"。而沉默则会突破这一自恋，它不仅会打断来访者和心理医生的投射与认同的孤独游戏，也是心理医生已事先假定"我并不知道咨询室会发生什么，我也不了解来访者，除非来访者映现出其真我"。

这一假定本身即"空"，只有当我们真的相信了这一点，我们的"真我"才能与其他人或其他事物的本真相遇。

一个有趣的现象是，喜欢使用评价的人喜欢确定感，说起话来斩钉截铁，而富有创造力的人却势必能容忍甚至喜欢模糊状态。

这是因为，评价源自"小我"，而"小我"无比自恋，真以为自己知道一切、能左右一切，所以喜欢评价的人就喜欢表现"小我"的自恋。相反，富有创造力的人不会急着去解释。他们知道，所谓的模糊状态，也即自己的"真我"还没有和事物的本真相遇。这时，假若急着去解释，就是强行将"小我"强加给事物，于是就远离了事物的本质。所以，容纳模糊状态也就是他们的"真我"和事物本真慢慢相遇的过程。

苏格拉底说，知道得越多越明白自己无知，而只有接受自己的无知状态，才可能知道更多。相反，那些总认为自己知道很多的人，也就是真的无知了。

牛顿构建起经典力学体系后，有物理学家开始认为，物理学走到尽头了，其他人只能弥补一些细节了。爱因斯坦提出相对论后，又有人提出类似的观点。结果，量子力学又出现了。

　　这是一种很有趣的对比，而这种对比也体现在一切关系中。那些自以为掌握一切、能左右一切的人，最多只能将自己的"小我"凌驾于某一领域之内，他可以获得权力感，但总是会阻碍这一领域的进展；而那些能对这一领域真正做出卓越贡献的人，总是愿意承认自己无知的人。

尊重你的选择，走出自恋幻觉

我们常说"我做这一切是为了你"，这句话的另一面是
"你得为我的人生负责"。

一天下午，我在自家厨房里洗碗，和往常一样，我洗得有些
马虎，一个碟子洗了三遍才算干净。

拿着一个碗的时候，我发现自己隐隐有些不开心。我想，这
该是我马虎的原因吧。我试着觉察下，这个不开心是因为什么。

洗碗的动作慢了下来，而在水流冲过手的某一瞬间，我发
现，我心中在暗自抱怨：凭什么是我？

这种抱怨源自儿时，因妈妈体弱多病，我很小的时候就开始
帮妈妈做一些力所能及的家务，妈妈从未主动要我做什么，都是
我自己主动去做。但是，这种主动只是事情的一方面，另一方

面，我这样做也是想换取妈妈或家人的赞赏，同时隐隐还有些埋怨，虽然这埋怨我从来没有在家中表达过，但它一直存在。

因为渴望换取赞赏，也因为不情愿，我并不能真正投入地做家务，所以，尽管我在原来的家中和现在的家中都会主动去做家务，但都是比较马虎且效率低的。

也可以说，我在做家务时，是处于一种幻觉中。看起来，我是一个人在洗碗，但其实，我是在为幻觉中的妈妈和其他亲人洗碗，也对着这个幻觉中的妈妈和其他亲人埋怨。

明白了这一点后，我的不情愿消失了，我全然投入洗碗的事情中。而在那一刻，我的心中突然一片空明。我发现，原来只是清水流过手部皮肤的感觉都可以那么美，甚至手指轻抹过饭渣时的感觉都带着一种安宁和喜悦，而以前当手轻抹饭渣时总是有些抵触。

这一刻过去后，我想，这就是活在当下的感觉吧。头脑中的幻觉一旦放下，我就可以和当下的事物建立一个单纯的关系，并能全然投入这个关系，这时就能体会到当下任一关系中的喜悦和安宁。

自恋幻觉的 ABC

这个小小的体验也让我对投射性认同有了更深的体悟。投射性认同，即我将我的东西投射给你，你认同了我的投射，并表现出我的意识或潜意识中所渴望的行为。如果精确地表达其逻辑，可以概括为一个简单的公式：

我做了 A，你要做 B，否则，你就会得到 C。

最近，我写的一系列文章都是关于自恋的，而自恋的核心就是——我渴望将我想象中的世界投射到现实世界。具体而言，就是我希望周围人能够按照我的想象来行动。

不过，我们通常不会也不能单纯地命令别人做什么，因为我们都知道，别人并不情愿按照我们希望的来做事。于是，我们就开始玩投射性认同的游戏，我先付出 A——这是我认为很好的东西，而你就得表现出 B——这是自恋的我们所渴望的核心。这还不够，如果你没有表现出 B，我就会向你发出威胁，迫使你表现出 B 来。

我洗碗的小故事就藏着这个游戏。我做了自认为很好的事——主动帮妈妈洗碗，而我要换取的是妈妈和亲人对我的爱与关注。如果没得到我所渴望的爱与关注，我就会表达出怨气——我付出了那么多，为什么你们不给我想要的东西?！

光这样也就罢了，因为在我的家庭中，我一直都得到了足够的爱与关注。关键是，我这样做藏着一个更深的逻辑：我懂得妈妈的需要，妈妈也该懂得我的需要。但这种"我懂得"，可能是一个幻觉，而渴望妈妈懂得我的需要，就不折不扣是一个幻觉。这种逻辑进一步演化，就可以发展成"我为你做了这么多，你应当知道我的需要是什么，你还得为我的人生负责"。

并且，这个逻辑会延伸到我生命的每个角落，尤其是和女性的关系中。这个逻辑令我的一贯表现是，我总是主动付出，但每次付出都不坚决，都隐含着不情愿的味道。当对方不能对我的付出给予我所希望的回报时，我就会收到我的潜意识发出的否定或威胁的信息——你对不起我。

那些很愿意付出的人，譬如我自己，在表现自己独有的 A 时，常说的一句话是"我不求回报，我愿意这么做"。但是，如果深入潜意识深处，就会发现这句话是虚伪的，其实人们在渴望回报。渴望回报本来也不是不好的事情，毕竟付出和回报的循环是人际关系不断深入的动力，关键是，付出者限定了对方回报的方式，你必须以我所渴望的 B 来给予回报，其他回报我都不想要。而且，付出者还从不诉说自己想要的 B 是什么，他们希望自己不必说出来，对方就知道自己想要的是什么。

但没有谁能做到这一点，所以付出者势必会失望，随即会发出信息 C。他会用种种巧妙的、自知或不自知的方式让对方感觉到，你做错了，你对不起他。在太失望的情形下，付出者就会脱离一个关系，而在脱离时，他会感到绝望：我付出了这么多，你怎么能这样对我呢？

你必须听话——父母的自恋幻觉

需要强调的是，这里所说的"付出"并不是什么利他主义的付出。我们最初做一件事时，都以为自己是在付出，在满足别人的需要，只是付出方式的差异而已。

投射性认同带来的最大问题是，我们在限制别人的行为方式，而且还是在幻觉中限制别人的行为方式。我做了 A，我这么辛苦，我不说你就应该知道我要你做 B。否则，你就是不爱我，你就是坏蛋，你就该死。

读历史类小说时，我发现，那些大权在握的人，最喜欢玩这种游戏。他们渴望自己什么也不说，属下就知道自己想要什么。如果某个属下常做到这一点，他们就会倚重这个属下；如果某个属下做不到这一点，他们就会疏远或打压他。这不过是自恋幻觉的游戏罢了，他们渴望将自己的幻觉强加给别人，但自己说了别人才知道该怎么做，和自己不说别人就知道该怎么做，那种感觉的差异就大多了。

自恋幻觉的投射无处不在，最集中的表现领域并不是政治或社会领域，而是亲子关系和情侣关系这两种亲密关系中。

在亲子关系中，父母常使用的逻辑是：我对你这么好（A），你必须听我的（B），否则你就不是好孩子（C）。

许多父母的 A 是比较明确的，即他们的确是在付出。他们甘愿为孩子付出一切看得见的利益，如金钱等有形利益，或时间、精力等无形利益。有些父母的 A 则不明确，在外人看来，他们对自己的孩子极度缺乏耐心，甚至会严重虐待孩子。但是，和前面那种父母一样，这些父母一样会认为自己对孩子有极大的付出。譬如，我给了你生命，我认为这个付出就足够了。

付出的多与少是一个问题，而接下来的问题则是，父母对 B 有多执着。有些父母的自恋幻觉比较轻，用通常的话来说，这些父母比较民主，控制欲望不是那么强，甚至没什么控制欲望。那么，他们的 B 就很轻，既不刻意要求孩子听话，对孩子要做什么也没有刻意的期望，而孩子会觉得在和父母的关系中没有压力。对于这样的父母，C 也就不大存在了，他们很少对孩子实施惩罚，既没有主动的惩罚，也没有被动的惩罚。所谓被动惩罚，即通过伤害自己来控制孩子。

但是，如果父母对 B 很执着，即不管 A 如何，他们都在头脑中限定了孩子的行为方式，那么相应地，孩子会感觉自己的空间被限制住了。这种被限制感，有时来自父母的主动惩罚，有时则来自父母的被动惩罚。而那些控制欲望极强的父母则会使用双重方式，先是使用主动惩罚，如果主动惩罚无效就会通过伤害自己来控制孩子。

我了解过很多这样的例子，例如孩子一直都觉得自己的父母堪称完美，但突然之间，一切都改变了，父母变成非常可怕的人，他们会使用一切方式迫使孩子按照自己的意思来做事。

这都是投射性认同的典型例子。父母先是付出 A，在这方面，他们简直是不遗余力，毫不吝惜地将自己的所有资源给予孩子，而孩子也回报了他们想要的东西——听话。然而，发生了一件事情，这件事情可能很大也可能根本不起眼，其表现都是，孩子没有按照父母的意思去行动，即没有回报父母以 B。

这时，父母便会使用 C，要么否定孩子，要么压制孩子。一开始的力度通常都不大，但孩子想捍卫自己的选择，不想听父母的，仍然坚持自己的意见。这导致了父母使用 C 的力度不断加强，而最终形成了恶性循环。

自恋幻觉势必会破坏亲密关系

一个男子一直都是父母的乖宝宝，他和父母的关系也一直很融洽，他向妈妈承诺，如果谈恋爱了一定会先告诉她。

一开始，他的确是这样做的，但后来的一次恋爱，他一直瞒着妈妈，直到妈妈发现后才不得已告诉了她。妈妈不同意他和这个女孩来往，暗示儿子听她的，而儿子虽然答应着，但仍然偷偷和那个女孩交往。妈妈感到不爽，开始明确表达意见，发现这样还是不行后，便不断施压。最后，她向儿子发出最后通牒：如果儿子不和这个"坏女孩"断绝关系，她就和他断绝关系。

我和这对母子聊了约两小时，这个妈妈几次说到，儿子偷偷和那个女孩交往令她非常愤怒，她觉得被背叛了。这才是问题的关键。

表面上，是这个妈妈认为那个女孩很"坏"（除了她这样看，别人都不这么看），但实际上，是她的自恋幻觉被破坏了：我为你付出了这么多（A），你要按照我的意思来（B），否则，你就会受到惩罚（C）。她愿意为儿子付出一切乃至生命，但这样做的一个交换条件是，儿子要把生命交给她支配。

这种自恋的愿望势必会遭到挑战，因为大家都自恋，每个人都想活在自己的意志里而不想活在别人的意志里。

在夫妻关系中，这种恶性循环也很常见。刚开始建立一个亲密关系时，多数人都乐意付出，但慢慢地就疲倦了，出现所谓的审美疲劳，有时还有深深的绝望感。

这是因为，在刚开始建立亲密关系时，我们对自恋幻觉很有信心，"啊，我终于找到了一个梦中情人，他和我想象的一模一样"。于是，自己信心百倍地付出（A），同时渴望对方按照自己的想象给予回应（B）。但是，这种梦幻感一定会被破坏，因为对方必定不是按照你的想象来行动的，他总是按照自己的方式来爱你。无论我们怎么努力，这一点都不会改变。

当发现不能获得 B 时，我们会发生冲突（所谓冲突，就是在表达 C），但冲突并不能真正将对方纳入自己的幻觉世界。最后，我们累了。所谓累，是我们觉得这套 ABC 的游戏玩不下去了。这时，有些人会改变自己的那一套逻辑，而接纳对方的真实存在。对此，我们会说，他们磨合成功了。

有些人对自己的逻辑非常执着，他们会将 C 发展到极致，会一味地谴责甚至攻击对方，认为他们辜负了自己的付出。

自恋幻觉是将自己的意志强加给别人，这是在压制对方的存在感，最终导致对方试图远离自己而损害了彼此的关系，这是我们陷入孤独感的根本原因。

怎样才能打破自恋幻觉呢？一个关键是，彻底明白自己做某事的初衷不是为了别人，而是为了自己。这是自己的选择，所以是自己为这一选择负责，而不是别人为自己负责。

这个逻辑就斩断了 A、B、C 三个环节的纠缠。既然我做 A 是为了自己，那么 B 就不存在了，而我也就无从发出 C 的信号了。

你永远有一个选择空间

一个读者给我写信说，她就要大学毕业了，父母希望她回到老家所在的城市。她很清楚父母的控制欲望太强，所以想去其他城市。但是，父母不仅轮番给她做工作，还叫了亲人和她的朋友给她做工作，用种种方式向她施加压力。现在她虽然不情愿，但还是倾向于回老家了。

我回信说：回家也罢，去其他城市也罢，你必须明白，这是你的选择，而不是你父母的选择。所以是你为这个选择负责，而不是你的父母、亲人或朋友为此负责。

这封信对她犹如当头棒喝，将她从恍惚状态中拉了出来。她开始认真地为将来做各种考虑，并最终倾向于坚持自己的意见。她知道这会引起父母的埋怨和谴责，以及亲朋好友的不理解，但她决定承受这一切。

很多时候，我们所谓的屈从于别人的压力，其实是逃避责任。这里面也藏着一个微妙的自恋幻觉的游戏：我为你考虑（A），你也要为我考虑（B），否则你就是不爱我，你就该为我的人生负责（C）。具体到这个女孩身上，她已经潜藏着一个逻辑：我为父母考虑，父母就要为我的人生负责，如果未来我的人生有痛苦或不幸，那这不是我的原因，而是父母替我做选择的原因。

没有谁真正能替你做选择，因为所有的选择都得通过你自身做出。所以，在任何情况下，你都有选择权。

当然，我们的选择范围会有差别，如果没有人给我们施加压力，我们的选择范围就很宽；如果有重要人物或强权人物给我们施加压力，我们的选择范围就会很窄。但无论在什么样的情形下，我们都是有选择的。

霍金的身体彻底瘫痪，但他还可以选择成为一位伟大的物理学家。甚至我们会发现，尽管我们以为他的选择范围太狭窄了，但他却对自己拥有的选择范围非常感恩，而一旦他开始这样做，他的这个选择范围就会出现不可思议的扩张。

说得极端一些，即便你只有一死，但你仍可以选择死得有尊严。

那些生命中的强者，总能在极端情形下发现自己的选择范围。相反，所谓的正常人，倒很容易觉得自己无路可走。当我们所谓被迫服从于别人的意志时，其实都是在将自己的责任推卸给那个人：我既然听从了你的选择，你就该为我负责，我生命中的痛苦就得你负责。

检验我们是否为自己生命负责的一个简单标准是：我们是否在抱怨。抱怨就是自恋幻觉的 C 部分。如果 C 产生了，那前面势必有 A 和 B。正如这个女孩，她对父母的埋怨是 C，而她的初衷 A 则是"我顺从父母的渴望"，她的渴望 B 则是"父母认可她且为她的人生负责"。

有些时候，我们的选择范围的确会很窄。假若这个女孩的妈妈说"如果你离开我们，我就自杀"，而且她真的会去自杀，那么这个女孩的选择范围就非常狭窄了。

但这时，她仍然可以选择说，我情愿回去，我愿意这么做，这是我自己的选择。

这样做也可以在相当程度上打破妈妈的自恋幻觉，因为自恋幻觉的三个步骤是：我选择了 A，我渴望你回报 B，否则我就实施 C。这三个步骤中都藏着"我要如何"的逻辑，即自恋者认为是自己在掌控局面。假若我们说，我这么做是我的选择，这就是说，是我在掌控局面，就可以打破自恋者的幻觉。并且，当你这样做时，自恋者的"否则"信息也无从发射了。

怨气：衡量自恋幻觉的标准

如果遇到极端的控制者，这种方式可以是反控制的开始，先是非常坚决地表示，我是自己在做选择。接下来，可以从一些小事开始，坚决捍卫自己意志的地盘，如吃什么、穿什么、去哪里玩，等等。

主动的控制者很容易被我们发现，而被动的控制者则容易被我们忽视。所谓被动的控制者，是通过伤害自己来控制别人。如果说，主动的控制者利用了我们的恐惧，那么被动的控制者就是利用了我们的内疚和同情心。

例如，一个总是可怜兮兮的人，他常常散发的也是自恋的幻觉：我这么可怜（A），你怎么还不可怜我（B），你这个坏蛋（C）。

假若这个女孩顺从了父母和亲人的意愿，那么，她很有可能会发展成被动的控制者：我听从了你们的意愿（A），你们要为我负责（B），否则你们就是不对的（C）。

在我看来，评判一个人自恋幻觉严重程度的标准是这个人的怨气。

18 世纪末，罗伯斯庇尔想在法国打造一个纯洁无瑕的乌托邦，任何阻挡他这一想法的人都被他无情地送上了断头台，其中有许多是他的战友。最终，议会拼命反击，将他送上了断头台。本来，他可以动用他的特权瓦解国民议会，但这会破坏他的理想，所以他迟迟没动用这一特权而最终丧命。据说，罗伯斯庇尔临死前说了一段话："我比耶稣还伟大。耶稣做了什么？杀死自己。这再容易不过了，而我的路要艰难很多，因为我要通过杀人建立一个美好的社会，这要难多了。"

这段话的意思是，我要建立一个伟大的理想社会，为此，我不惜把自己变成一个被人唾弃的暴徒，为了这个伟大的理想社会，我甘愿被人误解并牺牲自己的形象。这是已成为偏执狂的理想主义者所共有的冲天怨气：你们看，为了你们的幸福，我做了多大牺牲啊，而你们竟然不理解我的苦心。

这种说法只是意识层面的逻辑的片段，而一个偏执狂的理想主义者的完整逻辑是：我这么做是为了你（A），而你竟然不接受我的苦心（B），那么你去死吧（C）！

有趣的是，尽管手上沾满鲜血，但罗伯斯庇尔这样的理想主义者却很容易打动人心，成为偶像级的人物。

对此，我想，这是因为他们做了我们不敢做的事情。我们都想将自己的幻觉——它可以美其名曰理想——强加给世界，但我们知道，别人不会接纳，所以我们缺乏这份勇气和执着。但是，在一个偏执狂眼里，别人是不存在的，别人的想法他不感兴趣，别人的幸福和苦痛他毫不在乎，所以他可以执着地坚持将自己的幻觉强加给世界。成功了，可以获取权力；失败了，则貌似成就了一种美，一个无比美妙的理想主义泡沫幻灭时的美。

宏大的理想主义和亲密关系中的"我的一切都是为了你"一样，都貌似是将注意力放在别人身上，但他们之所以对别人那么感兴趣，不过是渴望将自己的自恋幻觉强加给别人而已。所以，我想，无论是在社会领域，还是在私人领域，将注意力收回到自己身上，明白一切都是自己的选择，并彻底为自己的选择负责，都是极为重要的一点。只有这样，我们才能放下对别人的控制欲望。

并且，一旦我们能做到这一点，我们就会真正尊重自己的生命，尊重自己的选择范围，懂得感激已拥有的一切，从而可以更深沉、更踏实地活在当下，活在真实的世界里。相反，当我们的注意力主要是集中在别人身上时，我们的世界就很容易变成一个怨气冲天的世界。

为何我们越爱越孤独

*

打破迷思——"你爱我就该按我想的去做"

我们都想做好人，并想用好的方式对待某人。一个人越重要，我们就越会用自己所懂得的最好的方式去对待他。

然而，我们这个所谓的"好的方式"常常是有问题的。

并且，我们使用"好的方式"时，有一个隐藏的逻辑："我对你这么好，你应当给予我回报。"

对回报的渴望也不算是问题，但关键是，我们还渴望对方用某种特定的方式给予自己回报。

如果对方不仅给了回报，还恰恰用的是自己所渴望的方式，我们就会觉得，这个人真爱自己。否则，我们就会失望，就会觉得对方对自己不够好，并生出想远离这个人的念头。

对方也会执着于类似的渴望。

当两个人的渴望相契合时，所谓完美的爱情出现了。然而，即便此时，这也不是相爱，而只是一种命运的偶遇而已。我们看见的，只是自己的世界，我们并没有看到对方的真实存在。

在更多情况下，契合是不可能的，不管一个人多么爱你，他仍然不能如你所愿，自动以你所渴望的方式回报你的"好"。甚至，即便知道了你的渴望，他仍然不能甚至不愿以你所渴望的方式回报你。

因为，一旦这么做，他作为一个人的独立存在就不存在了，他就沦为一个工具，一个满足你的梦想的对象。

因为这个，我们都渴望爱，都爱过，然而，要命的孤独却纠缠着这个世界上的绝大多数人。

雷子是我的一个好友。前不久，他来广州出差，我们一起聊天，谈到了他的爱情。

他刚遇到了一个女孩，两人的感情迅速升温，这让他有些畏惧，他生怕处理不好这个关系，重蹈覆辙。以前，他谈过不知多少次恋爱，但没有一个关系能持久。这看似浪漫，令别的男人艳羡，但他自己知道，这很痛苦，他其实很渴望拥有一个稳定的、高质量的亲密关系。

于是，他说他刻意与那女孩保持一段距离。他告诉自己，少见面，多打电话，这样就不会发展得太快。

既然如此，和她的电话就变得很重要了。最近有两次，他打电话给她，她都没接，直接给挂了。过了一会儿，她再打过来，说她一次在开会，一次在和老板谈话，事情很重要，所以她要那样处理。

雷子则说，如果他是她，他会先接她的电话，并走到一边僻静处，简单聊几句后，再告诉她，他有公事，待会儿再和她详谈。

我则说，如果我是她，他这样对我说话，我会感到有压力，并且略有不快。

"为什么？"他问道。

"因为你没有理解我的方式的合理性，而是在诱导我以一种特定的方式对待你。"我回答说，"你这样做，是在将你的方式强加于我。"

在人际关系中，尤其是在亲密关系中，这种诱导无处不在。

用普通的语言来说，这种诱导是强加；用心理学的术语来说，这种诱导便是投射。

如果投射成功了，这个女孩下次果真以他所渴望的方式对待他，那么，这便是认同，即这个女孩认同了他的投射。

投射与认同，是人际关系中非常重要的心理机制，每一个人际关系中都充斥着投射与认同。

在一般情形下，我们尽管会有投射，也渴望对方认同，但对方并不是非得这么做不可。对方没这么做，我们也不会太失望。

然而，有些人会特别执着。他投射时，抱着强烈的愿望，渴望对方以他所希冀的方式回应他，如果对方不这么做，他会非常焦虑，认为对方不爱他。这种心理机制，被称为投射性认同。

投射性认同——孤独的游戏

投射性认同是一种孤独的游戏。沉浸在这种游戏中的人，会比一般人更加渴望建立亲密关系，但他们在亲密关系中是看不到对方的真实存在的，他们只关注对方是否如自己所愿，按照自己所渴望的方式对待自己。

换一种说法，即玩这种游戏的人只渴望他投射你认同，却拒绝你投射他认同。

这样一来，这个关系就失衡了。这样的人，他看似在乎你，但其实他在乎的是他投射到你身上的幻象，他会诱导你或强迫你以他所渴望的方式对待他。而你作为一个独立的人的存在，他会视而不见，他既不关心你的想法，也拒绝真正了解你。

和这样的人打交道，你会觉得特别受压制，因为你只有按照他所渴望的方式对他，他才会满足，除此以外的任何方式，他都不会满意。

投射性认同的游戏中藏着一个"你必须如此，否则……"的威胁性信息，它的完整表达是："我以我认为好的方式对你，你也必须以一种特定的好的方式对我，否则你就是不爱我。"

不过，玩这个游戏的人，通常只意识到前半句，即"我对你好，你也该对我好"，而没有意识到自己发出的威胁信息。但作为被投射者，你会清晰地感受到这种威胁，你会感觉自己没有选择权，你不能按照你的意愿对他表达你的好，否则他会不满意，而且你还会付出代价。

投射性认同的游戏并不罕见，它有四种常见的类型。

1. 权力的投射性认同。玩这个游戏的人，其内在逻辑是，我对你好，但你必须听我的，否则你就是不爱我。

2. 依赖的投射性认同。其内在逻辑是，我如此无助，你必须帮我，否则你就是不爱我。

3. 迎合的投射性认同。我对你百依百顺，你必须接受我，否则你就是不爱我，你这个大坏蛋。

4. 情欲的投射性认同。我这么性感（这么有性能力），你必须满足并对我好，否则你就是不爱我，你这个性无能（性冷淡）。

权力的投射性认同与依赖的投射性认同相辅相成，是我们这个社会最常见的孤独的游戏。前者表达的含义是，我很强大，你很无能，你必须听我的；后者表达的含义是，我很无能，你很强大，我必须听你的。如果一个执着于权力游戏的人碰上一个执着于依赖游戏的人，两者会相处得相对默契。

依赖者的恐惧：独立是"坏的"

一个人之所以会形成顽固的投射性认同，和他的原生家庭的关系模式密不可分。

我们生命的一个主要动力是寻求建立关系，尤其是与人建立亲密关系。第一个势必会建立的亲密关系便是亲子关系，而我们也是在与父母的亲子关系中初步形成了"好"与"坏"的概念的。

在一个亲子关系中，一个孩子会有这样的想法：如果某时父母愿意与他亲近，他便认为这时的自己是"好"的；如果某时父母明显与他疏远，他便认为这时的自己是"坏"的。

考虑到我们国家的父母普遍将听话视为孩子的一大优点，便不难理解，在我们国家的亲子关系中，父母容易执着于权力的投射性认同：我对你好，但你必须听我的，否则你就是坏孩子。

相应地，孩子容易执着于依赖的投射性认同：我这么无助，你必须帮我解决一切问题，否则你就是坏父母。

如果父母特别执着于权力，那么这个家庭的孩子就会特别执着于依赖。他不仅在他的原生家庭是依赖的，到了学校、社会和爱情中，他也会沉溺于依赖的游戏。

因为，他在潜意识中认为，依赖是好的，会促进关系的亲密；独立是坏的，会导致关系的疏远。

这在他的原生家庭里是对的，但到了其他关系中，大多数时候是错的。

这是我们所有人都要面对的问题。我们在原生家庭形成的"好"与"坏"的观念，到了家外面，都会有些不适应，都需及时调整。

然而，在一些家庭中，父母与孩子的关系极其僵化，父母极其在乎权力，而孩子必须绝对听话，这最终会导致这个孩子形成非常顽固的依赖心理。等走出家门后，不管现实状况多么需要他独立，他也丝毫不敢表达独立的一面。这不仅是因为他缺乏独立的能力，也是因为他在潜意识中相信，独立是"坏"的。如果他独立，就会导致关系的疏远，而如果他依赖，就会导致关系的亲近。

德国家庭治疗大师海灵格讲过这样一个寓言：

> 一头熊，一直被关在一个极其狭小的笼子里，它只能站着。后来，它从笼子里被放出来了，可以爬着走，也可以打滚，但它却仍然一直站着。那个真实的笼子不在了，但似乎一直有一个虚幻的笼子限制着它。

这也是我们每个人的故事。我们长大了，离开了家，但我们却仍然一直待在一个虚幻的家中，并继续执着于在家中形成的逻辑。

譬如，一个玩依赖游戏的男人，在家中，依赖可令父母对他更好，所以他会一直觉得依赖时的自己是"好我"，当他依赖时，别人就会亲近他。然而，当女友因厌倦他的依赖而表现出对他的疏远时，他会变得更加依赖。他这样做，是因为他在潜意识中认为，他越依赖，别人会越亲近他。这种潜意识阻碍了他如实地看待问题。

及时修正你的心灵地图

我们都执着在自己的逻辑上，并且，绝大多数人所拥有的只是一套逻辑。我们会自动认为，越危险的时候，我们就越需要执着在这一套逻辑上，只有这样做才能拯救自己。

就如上文所说的那头熊，以前它在笼子里，假若挨打，它会尽可能地缩成一团，这样会让自己的痛苦尽可能地减少。等走出笼子后，再次挨打，它仍然只会缩成一团，却没有意识到，它可以打滚、逃跑，甚至反击。

这也是珠海虐待保姆案中，当雇主魏娟折磨小保姆蔡敏敏时，蔡敏敏变得更听话的逻辑。在蔡敏敏的家中，听话会令她受到保护，所以她在遭受折磨时会变得更加听话。但她完全没有料到，在魏娟这里，她越听话，反而被折磨得越厉害。

只有少数人会在遭受打击后，反省自己持有的那一套逻辑，调整它甚至放弃它，而去形成一套更新的、更灵活的、更适合现实状况的生存逻辑。

对此，美国心理学家斯科特·派克称，你应当及时修正你的心灵地图。

相对而言，依赖更容易是女性的特点，而执着于依赖的投射性认同的女性也远远多于男性。

譬如，一个非常有趣的现象是，许多女子结婚后变得不敢开车了，于是无论去哪儿都必须由老公开车陪着。

这常是依赖的投射性认同在作祟，这些女子在潜意识中认为，作为女性，依赖是好的，可以促进与爱人关系的亲密；独立是坏的，会导致爱人疏远自己。

如果爱人恰恰是一个权力欲望很强的人，她们这样做就会皆大欢喜，男人尽管常常会批评她无能，但心里却很享受太太离开自己就活不下去的感觉。

然而，一旦爱人不是这样的人，她的这种做法便会带来很大的问题。

美国心理学家谢尔登·卡什丹在他的著作《客体关系心理治疗》中讲到了这样一个案例。

贝蒂娜以优异的成绩毕业于一所声望很高的大学，并且取得了艺术行政管理专业的硕士学位。她嫁给了电子机械师汤姆，他们有两个孩子。

贝蒂娜是镇议员，看起来聪明能干，显然有能力应对人生中出现的大多数问题，却不包括家里的问题。只要是家事，不管多琐细，如果没有丈夫的建议，她就不能做决定。譬如，家里一个水龙头坏了，她在给水管工人打电话前，一定会先给汤姆打个电话，征求他的意见。

一开始，汤姆只是把这种行为当作小小的骚扰。但随着时间的流逝，他越来越厌烦和愤怒，并多次警告贝蒂娜，不要再这么做。贝蒂娜则在痛哭流涕后承诺改变，但最后还是会回到原来的状态。

你不让我依赖，你就是不爱我

这是两个人的逻辑错位。作为一个执着于依赖的投射性认同的人，贝蒂娜确信，要与丈夫保持关系亲密，关键是要说服他相信自己没独立生存的能力，因此她陷入婴儿的状态，诱导并强迫丈夫来扮演照顾她的角色。然而，汤姆自己没有对权力的投射性认同，他并不享受一个大权在握的照顾者角色，相反他觉得妻子不可理喻，因为她的能力那么强，显然能轻松解决很多家事。

于是，当贝蒂娜依赖汤姆时，汤姆开始疏远她。但他越疏远她，她就越执着于她以为的可以修正关系的"好的方式"，于是变得更依赖。这是无数亲密关系日益冷淡的一个原因。我们说"相爱"，但其实只是试着将爱人拉进自己的逻辑，我们看不到爱人的真实存在，一如贝蒂娜就看不到丈夫对她的过分依赖的讨厌。

贝蒂娜的过分依赖让丈夫感到厌烦，这还只是这个关系的表面信息。这个关系的一个隐藏信息便是威胁，贝蒂娜每次上演依赖的游戏时，势必会传递"否则"的信息——"我这么无助，你必须帮我，否则你就是不爱我"。

一个婴儿的依赖并不容易让我们感到厌烦，因为婴儿的依赖是真实需要，他必须依赖我们的照料，否则他真的会死去。但一个成人的依赖，尤其是一个聪明能干的人的依赖，很容易让我们感到厌烦，因为这不是他的现实需要，并且我们能切实地体会到一种压制。我们会感到，我们没有回应他的自由，我们只能以一种被限定死了的方式——照料他——来对待他，否则就会遭到威胁。

我一个朋友，她的家离单位很近，而男友的单位则离她的单位很远。她常上夜班，会在晚上 10 点后下班。每当上夜班时，她都会渴望男友开车去单位接她，把她送回家，然后目送她走进家门。当他这样做时，她心中便会油然升起一种强烈的幸福感。

一开始，每次她上夜班时，男友都会争取来接她，但后来，他觉得这样实在很不划算，因为她回家很方便，而他来一次很麻烦。于是，他和她商量说，能不能少接她几次。比方说，以前每次都来接，现在减少到一半。

她也觉得自己好像有些过分，不得已勉强答应了。但答应的一瞬间，她脑海里便闪过一个念头："他不爱我，是不是该分手了？"

接受独立的"坏我"，走出依赖

这是一个经典的依赖心理机制。看起来，依赖者似乎柔弱无助，但其实依赖的背后藏着威胁的信息：你必须按照我所希望的方式对我，否则我就会考虑离开你。

这么小的事就令自己有了分手的念头，她吓了一跳，当晚便打电话给我。电话里，她反省说，她的依赖是爸爸培养出来的。她爸爸有很强的控制欲望，可以为她和妹妹做一切，但她也分明感到，这种自我牺牲中藏着一个条件：你们必须听我的。

对于爸爸的控制欲望，她现在有了明显的抵触情绪。然而，恋爱时，我们会渴望延续过去的美好，同时修正过去的错误。所以，她既会渴望男友能包容她的独立倾向，同时也能在她渴望的时候满足她的依赖。

　　不过，明白这一点后，她懂得了这是自己的问题，而不是男友的问题，于是对男友的情绪便消失了大半。

　　一个执着于依赖的投射性认同的人，几乎都有一个权力欲望超强的抚养者。

　　在健康的亲子关系中，儿童出现的自主行为是受抚养者欢迎的，并且会受到表扬；在不健康的亲子关系中，儿童的自主行为却会导致抚养者的打击，起码会导致抚养者疏远儿童。所以，这个儿童早早就会发现，要想拥有与抚养者的亲密关系，他最好表现得虚弱一些，他越没主意、越无助，抚养者便会对他越好，和他越亲密。

　　这也是电影《孔雀》中的心理奥秘。《孔雀》反映的是一家五口的悲剧，老大一直被当作白痴，但后来才证明，他其实是最有生存能力的，他的白痴在很大程度上是伪装出来的。在这个家庭中，独立是坏的，越想独立的孩子越没有好下场；依赖是好的，越傻的孩子得到的糖就越多，与父母的关系就越亲密。

　　又如贝蒂娜，她的母亲就曾不停地告诉她要做什么，在她所有的琐事上都会提建议，并且随着年龄增长，母亲的控制不仅没减少，反而日益增加。显然，与母亲的关系让她学会了依赖，并对独立产生了恐惧，最终也将这一点带到了她和汤姆的关系中，甚至，当初她之所以嫁给汤姆也是母亲的决定。可以料想，这样的妈妈会选择汤姆，一定不是因为汤姆独立，而是因为汤姆好控制。因此，贝蒂娜向这么一个男人寻求依赖，显然是找错了对象。

　　如果你是一个依赖成性的人，你渴望改变自己，那么，你不仅需要培养自己独立生活的能力，更需要去好好审视自己内心深处的逻辑。

　　当你这样做的时候，你势必会发现，尽管你在意识上讨厌自己的依赖，但在潜意识中仍然将依赖当作了"好我"，一旦你渴望与某个人亲近，就会不自觉地扮演一个依赖者的角色。同时，你的潜意识将独立当作了"坏我"，你会恐惧自己的独立倾向，因为你在原生家庭的经历告诉你，一旦你想独立，你得到的将是惩罚和疏远。

　　在审视自己内心深处的逻辑时，你还会发现，当你玩依赖的游戏时，你在夸大对方的同时，也发出了威胁信息——"你必须对我好，否则你就是不爱我"。

支配欲太强的人内心逻辑是怎样的?

> 对于控制者来说，你的想法不值一提，他们根本不关心你的想法，拒绝真正了解你。
>
> ——帕萃丝·埃文斯《不要用爱控制我》

前不久，一个朋友给我讲了这样一件事。

她和一对情侣朋友一起去吃饭。到了餐馆后，那个男子说"女士优先"，让她们两个点菜。

于是，她俩选了几个菜。

但是，等服务员来后，这个男子却一一否定了她们选好的几个菜，说她们点的菜都不够好，然后点了他认为"够好"的菜。

"这种人，真让人受不了。"她说，"既然你那么有主意，一开始你自己点不就得了，干吗还让我们费心思?"

听上去，她对他似乎很有情绪似的。但再聊几句，我发现，她和他其实是已经认识多年的朋友。

了解到这一点后，我说："OK，你先不要说他的其他事情了，我对他做一些推测吧。"

她自然很感兴趣，于是我做了以下推测：

1. 她每次和他吃饭，他都会重复这个模式——先让你点，然后否定你，最后让服务员按他的意思来上菜；

2. 他决定了的事情，不管你怎么反对，他都会去做，和他在一起，你会经常觉得自己被严重忽略；

3. 他有特殊的优点——如果你需要帮助，他会不计代价地帮助你，热心程度堪称罕见，只是你会觉得他帮的好像不是地方；

4. 他常说类似下面的话：照我说的去做，听我的，就这样，遵从我的指示……

……

她说，我的推测差不多都对了，接着问我："你是怎么推测出来的呢？"

我回答说："这一点都不难，因为他属于一类人——支配欲望超强的人。以上我说的，不过是他们的一些共同特点，同时又糅合了你刚才说的他自己的一些个人特点。"

支配者常意识不到自己爱否定人

此前，我在《打破迷思——"你爱我就该按我想的去做"》

一文中谈到，有些人会特别渴望别人按照他们所希望的方式给予回应，他们内心有这样一个绝对化的逻辑：

我以我认为好的方式对你，你也必须以一种特定的好的方式对我，否则你就是不爱我。

再细分的话，这样的人有以下四种类型：

1. 依赖者——他们的内在逻辑是，我如此无助，你必须帮我，否则你就是不爱我，你就是坏蛋。

2. 支配者——其内在逻辑是，我对你好，但你必须听我的，否则你就是不爱我。

3. 迎合者——为了你，我做什么都可以，但你必须接受我，否则你就是不爱我，你这个大坏蛋。

4. 性感者——我这么性感（这么有性能力），你必须满足我并对我好，否则你就是不爱我，你这个性无能（性冷淡）。

我们每个人都渴望别人尤其是恋人或重要的亲人以一种特定的方式对待自己，但假若对方不这么做，大多数人并不会感到很失望，更不会因此就认为对方不爱自己。但是，以上四种类型的人会极其渴望这一点，并将这一点绝对化。

在前面一文中，我主要探讨了依赖者的心理机制。在这里，我将主要探讨支配者，而前面提到的那位男士，无疑是典型的支配者。

支配者还可大致分为两个类型：

1. 赤裸裸的支配者，他们甚至不愿借用"我对你好"这个借口，而是直接表达这一信息："你必须听我的，否则我会让你付出代价。"

2. 温情的支配者, 在表达支配欲望的时候, 他们会使用"我是为了你好"这一借口。

很多支配者既是赤裸裸的, 也是温情的。在某些人际关系中, 他们懒得披上那温情的面纱, 而是直接使用其拥有的权力或暴力, 迫使别人服从其意志。而在另一些人际关系中, 他们则会温柔很多, 在迫使别人服从时, 会同时传递"我是为了你好"的信号。

譬如, 有些人在工作单位是一个赤裸裸的支配者, 但面对亲人时会表现得极有爱心和耐心, 但不管多有爱心和耐心, 他们一定会追求"你必须听我的"这个终极目标。

必须强调的是, 当传递"我是为了你好"这个信号时, 支配者自己的确是这样想的, 他打心眼里认为自己是为了对方好, 但对自己习惯性地否定对方的意志缺乏认识。

所以, 我对前面提到的那个朋友说: "你一定会感觉自己常被他否定, 但如果你拿这一点质疑他, 他一定会说: '不明白你在说什么, 我什么时候这样做过?'"

她点点头说, 她早就这样说过他, 但也如我所预料, 他根本不承认自己有否定别人的习惯。

支配者容不得别人小小的反抗

支配者的内在关系模式是强化版的"我行, 你不行", 他会绝对地、一贯地认为"我行"，同时又绝对地、一贯地认为"你不行"。

若和支配者谈恋爱，那么，在最初的蜜月期，一些自我意识不是很强的人会有完美感。因为支配者越认定"你不行"，他就越要展示"我行"，所以他会尽自己所能、无微不至地照顾你。

胡因梦在其自传《生命的不可思议》中写到，她和李敖刚恋爱时，他是天底下最会照顾女人的男人。那时，每天她一醒来，床头都会放着一杯牛奶、她爱吃的食物和一份她必看的报纸。

后来，她才明白，李敖这样做有一个前提——一切事物在他的掌控中。一旦这个前提被打破了，他就是最不容人的那种人。

所谓一切事物在他掌控中，即他感觉自己绝对行，或者说，他的支配欲望得到了极大的满足。这时，他就会展示"我可以为你做一切"。

不过，支配者在这样做时，藏着一个假定的条件——你必须听我的，否则他们不仅会收回自己无微不至的照顾，还会使出霹雳手段，以惩罚不听话的恋人或家人。

莎莎的例子可以典型地说明这一点。莎莎26岁，恋人比她大很多，而且极其能干，是那种大权在握的人，同时又极细心。

和她在一起时，他不仅在经济上满足她一切需要，也在生活上包办了一切。譬如，做饭、扫地等家务全是他做，而且做得极其出色。和他相比，她简直是方方面面都很弱智。

不过，似乎是，她越弱智，他越爱她，而他也说过，他就是喜欢她傻傻的样子，那时他觉得她最可爱。

去年，有一次，他们产生了比较大的矛盾，莎莎第一次这么生气，不打招呼便离开了他，失踪了几小时。她希望男友继续发挥"我可以为你做一切"的风格，很紧张地去找她。没想到，他没任何动静，甚至连一个短信都没发给她。

最后，她慌了，自己又溜了回来。他看见她回来后，第一句话就是："我们不合适，分手吧。"

她没想到会是这样的结果，完全震惊了。她赶紧央求他，希望他能原谅她的坏脾气。央求了很久后，他终于答应原谅她，但警告说，这样的事情不能再有第二次。

不久，他们再次发生矛盾，她再次玩了一下失踪的游戏。这一次，他没有给莎莎任何机会，斩钉截铁地和她分手了。

许多经典的芭比娃娃形象都仿佛是没有任何独立意志的美女，这是支配欲强烈的男人的完美控制对象。

分手只是他的惩罚手段

对于这个故事，估计很多人会认为，这个男人真男人，虽然太狠了一些。

不过，我听了太多类似的故事，我料到，莎莎和他的故事不会就这样结束。

果真，"分手"半年以后，他又回来找莎莎，她仍然爱着他，两人立即又走到了一起。

重新在一起后，对于分手的事情，这个男人没有说过一句话。莎莎也不敢提，怕再次惹怒他，但她很想问他："你那么狠心离开我，为什么又一声不吭地回来了，你到底是怎么想的？"

如果莎莎深切地懂得支配者的内心逻辑，她就可以轻松地明白这一切。

作为一个极端的支配者，这个男人把"我对你好""你必须听我的"和"否则我会惩罚你"这三点都发挥到了极致。

当莎莎表现得"我彻底不行"时，他最爱她，对她的好简直无可挑剔。

然而，这种好，他是以"必须听我的"作为条件要莎莎交换的。莎莎那两次失踪的小小把戏，挑战了他的支配欲望。在别的男人看来，也许会觉得，莎莎这两次小小的失踪算什么，不仅不会生气，反而可能会对她更好。

但是，这个男人的支配欲望太强了，在这两次事件中，莎莎表达出来的对抗强烈刺激了他的支配欲望。

为了捍卫他的支配欲望，他接下来便实施了恋人间最极端的惩罚——我和你分手。

不过，这只是他惩罚的手段而已，他并不是真正想得到这个结果。所以，熬了半年后，他又来找莎莎。

显然，和莎莎在一起，才是他最核心的愿望。只是，他希望在达成这个愿望的同时，莎莎还能满足他的支配欲望。如果两个愿望发生了冲突，他便会采取一些手段来保护自己。

如果莎莎明白这一点，她就可以在他回来时，坚定地抛出自己心中那几个问题："你为什么离开我？你为什么又一声不吭地回来了？请你解释……"

这时，饱尝了分离之苦的他，就可能会开始适当地反省自己，并多少会改变自己，放弃自己的一些支配欲望。

莎莎和男友是一个极端的支配者与严重的依赖者的故事。他们都有自己的问题，但他们的问题又可以相互匹配，所以可以相处得很不错。

然而，他们的故事也说明，一个支配者与一个依赖者不可能永远相得益彰。当支配者感到厌倦了，或依赖者想独立了，他们的关系就会受到极大的挑战。

相比这种极端的故事，生活中更常见的是一般的支配者与一般的依赖者的分分合合，但这种如同温水煮青蛙的看似不激烈的支配关系也常导致更可怕的结果。

彻底被控制 = 被"洗脑"

于小姐是一名白领，毕业以后，她一直在一家效益中等的私营公司工作，而她的丈夫曾先生则是一名公务员。年前，曾先生坚决要和于小姐离婚，理由是他认为她心中已经没有他了，既然不爱了，就不必非得在一起。于小姐不愿意离婚，说她愿意做很多努力来改善他们的关系。但是，曾先生说，他已经很累了，不想再做任何努力了。

和于小姐聊了很久后，我发现，他们的八年婚姻分两个阶段：前五年，是于小姐觉得很痛苦，但曾先生比较满意；后三年，是于小姐觉得不错，但曾先生非常不满。

到底发生了什么呢？

于小姐回忆说，前五年，他们家是男人当家，丈夫要她把所有的收入都交给他来管，她需要什么，和他商量即可。她丈夫认为，既然是一家人了，钱就应该放到一起，怎样花由两个人商量着来。

于小姐认为，丈夫这样说应该是认真的，因为他是一个很顾家的人，计划性很强，而且从不乱花钱。在大多数情况下，他们的意见也能达成一致，但他也没少让她尴尬。譬如，单位安排他们旅行，他如果不给钱，她就没法去；朋友们一起聚会，他如果不给钱，她就没法参加；有时她想买一些高档服装和化妆品，他会觉得奢侈而不赞同，这会让她伤心。

并且，曾先生很不愿妻子和其他人交往，他既阻止妻子与异性朋友、同事来往，也常阻止妻子与同性的朋友、同事来往，甚至不愿意她和自己的亲人来往。"我感觉，他好像希望我斩断一切人际关系，最终我的世界里只有他一个人。"于小姐说。

前五年，于小姐因不愿意吵架，所以一直忍让丈夫。但第五年时，她突然发现，自己的性格发生了巨大改变，以前活泼开朗、朋友很多的她，现在居然整日郁郁寡欢，而且身边连一个说得上话的人都没有了。

她觉得这种状态很压抑、很恐怖，决定重新过回结婚前的生活。于是，尽管丈夫激烈反对，但她坚决恢复了以前的生活方式：经常出去旅游、经常和同事或朋友们在一起。同时，她的性格也恢复过来，她重新变成以前那个爱说爱笑的女子。

这时，她分明感觉到，自己终于又做回了自己，这种感觉真好。但丈夫显然不能接受这一点，他感觉他们两人的心越来越远，所以坚决提出了离婚。

彻底被控制的结局常是被抛弃

从大二开始做心理热线一直到现在，这样的故事我听了估计不下 100 个了。它们简直是一个模子里刻出来的：男人掌握金钱的管理权，男人希望女友或妻子最好既不和朋友来往，也不和亲人来往……

作为男人，多年以来，我一直不明白，这一类型的男人到底是在干什么。原来我以为，这样的男人可能是醋意太大了，但他们限制女人和亲人来往，这实在是没有道理啊。

后来，看了美国女心理学家帕萃丝·埃文斯的《不要用爱控制我》一书，我才彻底明白：这样的男人是在做洗脑的工作，将自己所爱的女人的意志洗去，然后将他心中的一个女性形象加在她身上。并且，他们所幻想的这个女性形象都有一个共同点——永远知道他在想什么，永远不会违背他的意志。

但是，这样的努力一旦成功，一个女人的意志就彻底被爱人洗去，变成了一个绝对被他控制的玩偶。这时，男人会发现，即便如此，这个女人仍然不是他所幻想的那个女性形象。所以，他会抛弃这个女人，转而去找一个新的有独立意志的女人，继续玩洗脑的游戏。被抛弃的这个女人，就会变得凄惨无比，因为她的独立生存能力已随着她的独立意志一同丧失了，再失去这个男人，就意味着她失去了一切。

后来，在广州电视台《夜话》节目组，我几次见到这样的女子在家人的陪伴下来求助。她们的神情总是令我想起木偶，似乎没有了任何活力。

支配欲太强的男人会给女人洗脑，而支配欲太强的女人一样也会给男人洗脑。并且，在洗脑成功后，这样的女人会更失望，因为尽管她是女强人，但仍然会和多数女子一样，渴望男人能让她依靠。所以，看到自己的丈夫已没什么独立能力和独立精神后，他们会非常痛恨，整日斥责丈夫没本事，但她们没有想过，这样的丈夫是她自己塑造的结果。

一次，我和一个大公司的女高层聊天，她说她丈夫现在对家庭的贡献简直是零，甚至是负，因为他只能带来麻烦。然而，当她回忆年轻时光时，发现她喜欢的男子都有两个特点：年龄比她小，没有个性。

为什么会喜欢这样的男子呢？最明显的答案是，这样的男子好支配。

为什么一些人会如此渴望支配恋人呢？美国心理学家谢尔登·卡什丹在《客体关系心理治疗》一书中总结了两个常见的原因。

1. 这样的人，在童年时和父母的关系是颠倒的，即他们的父母是脆弱的依赖者，不仅不能照料孩子，反而要孩子来照料自己。因此，孩子在很小的时候便成了一个大人，并从照料及支配父母的过程中获得了自己最初的价值感。长大了，他们便渴望重复这种关系模式。

2. 他们曾与妈妈有严重的分离，或者妈妈对他们的照料严重欠缺，这让他们对现实中的妈妈极端不满，而在心中勾勒了一个永远不会离开自己的爱人形象。长大后，一旦爱上哪个人，他们便会把这个形象强加在这个人身上。因为童年时曾严重受伤，所以他们极其惧怕分离，而恋人的任何独立意志都会令他们担心分离，所以他们会尽一切努力打压恋人的独立意志。

帕萃丝·埃文斯在她的著作《不要用爱控制我》中描绘了大量这样的个案。如果你正受着类似问题的折磨，那么，无论你是折磨别人的支配者，还是被支配者折磨的对象，这本书都值得一读。

在我看来，每个人都有支配欲望，都渴望将自己的意志强加在爱人身上，支配者是主动地强加，而被支配者则是委婉地强加。我们都不容易看到并尊重恋人爱的逻辑，相反，我们都执着于自己爱的方式，并认为这是唯一正确的，这就导致了孤独，并且越相爱越孤独。

所以，这是一个普遍问题。

此外，在支配与被支配上，有明显的两性差异。由于种种原因，男人的支配欲望常被美化，或起码被合理化，而女人被美化的则是依赖和服从。人类历史上一直如此，所以男人普遍会喜欢依赖型的女子，而女子则普遍会喜欢支配型的男子，而这一倾向会一直诱惑男人发展自己的支配欲。

帕萃丝·埃文斯还认为，男人超强的支配欲和女人超强的依赖，其背后都有一个共同的原因：恐惧。

恐惧什么呢？分离！

意思是，男人认为，支配是好的，支配欲强的男人才会得到女人的爱，才会保证女人不离开自己；女人则认为，依赖是好的，依赖型的女人才容易得到男人的呵护，才会保证男人喜欢自己。

不过，这种恐惧源自过去，要么是人类几千年乃至几百万年的历史，要么是一个人童年时的历史。它过去曾经是有用的，但现在，假若它正伤害着你最在乎的亲密关系，那么你应当去重新认识它，并改变自己的关系模式。

因为强加，爱成了咫尺天涯

爱了，就渴望与爱人合二为一。

然而，这种渴望，太多时候的意思是，你应当融入我的世界，融入我的梦想和我所熟知的逻辑。相应地，爱人也执着于这种渴望。于是，相爱成了强加，合二为一的渴望成了要消灭彼此存在的战争。

由此，最远的距离便成了咫尺天涯。

小说《巴别塔之犬》中，语言学家保罗想教会他的狗罗丽说话。

因为，当保罗的太太露西———一个著名的面具制作者从自家院中的苹果树上摔下身亡时，罗丽是唯一的目击者。保罗猜太太是自杀，但不明白太太为什么会自杀，他想罗丽一定知道，所以决定教它说话，希望它用人类的语言告诉他答案。

这个想法很奇幻，因而这本小说也多了一些奇幻色彩。

保罗的这个想法并不孤独，在他之前，一些男人已做了这种努力，而且似乎还有人成功了。一个叫贺里斯的男人给很多狗做了手术，最终一条叫"小J"的狗学会了说话。据说它开口求救，并在法庭上说"可恨""很痛"和"兄弟们死了"等，从而给贺里斯带来了五年有期徒刑。

同事和朋友都认为保罗的想法太荒诞，但贺里斯给了保罗力量。他参加了一个由教狗说话的男人组成的团体，但在看到小J的那一刻，保罗发现，被改造得拥有类似人脸和人的喉咙的小J只是发出了一些类似人的语言的音节而已，那不是"说话"。

因此，他放弃了这一努力，罗丽没有学会说话。

这是小说的一条主线。

小说的另一条主线，是保罗对露西的回忆，从两人相识一直到露西自杀。

既然在第一条奇幻的主线中没有找到答案，答案自然就藏在第二条平淡的主线中了。

"但如果有人爱我，他就得为我改变。"

读懂第二条主线，你便会明白，露西之所以自杀，是因为她控制不了自己的脾气。她认为自己乱发脾气的这一部分是"坏我"，她接受不了。为了不让"坏我"控制自己并伤害爱人，她选择了杀死自己。

自然，这和保罗也有关。尽管保罗无比爱她，觉得她便是"整个世界"，但在她几次失控时，他的确做不到仍然接受她。

这验证了露西自己的逻辑：最爱她的人也接受不了她的"坏我"。

保罗完全不懂露西的这一面，他只看到了露西的"好我"：美貌可人，善解人意，才华横溢……

大多数时候，露西展示的是"好我"。于是，保罗一直以为露西是"好端端的"，却不知道露西的"好我"是她努力得来的结果，同时她一直在极力压制她的"坏我"。每当"坏我"突破这种压制而一时控制露西，她都有想杀死"坏我"并杀死自己的冲动。

露西一直在给保罗讲她的绝望，但保罗一直没有重视这一点。

譬如，露西不想要孩子。她喜欢孩子，但她不敢要，因为她认为自己会是个坏妈妈，她担心当"坏我"控制自己时，她会伤害孩子。

保罗知道露西不想要孩子，但他完全不懂这是为什么。尽管露西几次谈到了她的担忧，但保罗仍执着于自己的欲念上。他渴望有个孩子，一直在寻找机会说服露西。当露西有一次说"我猜我应该可以"做一个好妈妈时，他欣喜地记住了这一点，并把它当作证据，这样露西一旦反悔，他就可以把这句话拿出来反驳露西。

事实上，当露西说这句话时，她其实已有身孕，并频繁地做梦，梦中总有信息说，她不该有孩子。

当读到露西写在日记本上的梦时，保罗心碎了。本来，他恨露西"在结束自己生命的同时，还心知肚明地带走了另一个生命"，但这时，他才知道，怀孕给露西带来了多大的困扰。

保罗是在读到文字时才明白了这一点，但其实，露西一直在对他讲，她是多么惧怕做妈妈。

为什么他就是不懂露西的痛苦呢？

因为，他执着在自己的梦想上，执着在自己想要一个孩子的渴望上。他想把梦想和渴望强加在露西身上，于是，他对露西的痛苦视而不见，并一再试图说服她要个孩子。

因为这种强加，爱便成了咫尺天涯。

原来，我以为我专栏中的"解梦"文章非常受欢迎，因为每次文章一见报，都会收到大量的读者来信，但后来我发现，所有来信都没有谈到我在文章中所解的梦，所有来信都是读者在说自己的梦。

显然，我们对别人的梦不感兴趣。

并且，越爱一个人，我们越渴望将这个人纳入自己所梦想的世界。

我们常幻想，爱就该有这样的境界——我不说他都知道我在想什么，并很高兴地实现我的想法。我们也常说，我不会为了一个人改变自己，但如果有人爱我，他就得为我改变。

如此一来，爱人作为一个人的独立性就被抹杀了，而仅仅沦为"我"实现自己想法的一个工具而已。

于是，身体的距离越近，心灵的距离就越远。

站在对方的角度，理解便可达成

保罗感受过这一点。他的前妻莫拉很爱他，但她爱唠叨，并常对他说"你爱我就该按我的要求去做"，最终令保罗离开了她。

然而，和露西在一起时，保罗也做了很多同样的事。

当我们执着于自己的逻辑时，我们永远看不懂别人，而我们又如此渴望理解与被理解。于是，荒唐的想法出现了：我不懂，那条狗应该懂吧。保罗参加的那个教狗说话的团体中，一个男人的太太跟别的男人走了，他想不明白这到底是为什么，于是产生了和保罗同样的想法——他妻子养的那条狗应该知道答案。

其实，达到理解并不太难，只需要你站在对方的角度上，认真地思考对方的逻辑就可以了。

露西做过这样的努力。她特意做了两个面具：一个以她的脸为原型，她要保罗戴上；一个以保罗的脸为原型，她自己戴上。然后，她以他的角色说话，并要他以她的角色说话。这是她对理解的渴望。

而她，也努力活在他的梦中。一次，她梦见自己是个作家，非常有名，却只写过一句话："忆起我穿白纱的妻子。"所有人都认为这是有史以来最悲伤的字句，完全不管这个作家是否写过其他的句子。

作家，即指保罗这个语言学家。露西有一次穿着白纱与保罗做爱，所以"忆起我穿白纱的妻子"，即指露西早已有自杀的意念。但当她站在保罗的角度看时，发现这是"有史以来最悲伤"的事情。由此，她懂得保罗承受不了，于是一再推迟了自杀的时间。

可惜，保罗不懂得露西的这些悲伤。当他看到露西最后一次发脾气弄坏了父母送他的金笔时，他没法再做到尽快原谅露西并拥抱她的脆弱，他还第一次有了和她分手的念头。

第二天，露西便自杀了。

露西这次发脾气，也源自保罗的强加。他想把露西从抑郁中拉出来，于是自以为是地设计了几个面具，想让露西制作完成，借此给露西找点事做。然而，露西一再说过，她只会根据自己的灵感做面具。当保罗一再坚持让露西完成他的设计时，露西再一次崩溃了。

《圣经·创世记》中写到，原来人们都说一种语言，他们齐心协力要建一座通天塔。上帝想阻止这个工作，于是让人们说不同的语言，当语言不通时，这个塔便建不下去了。这就是"巴别塔"的含义。

当理解不存在时，一个关系便成了巴别塔。

最后，保罗深深地懂得了这一点。他并没有太责怪自己，因为尽管他参与制造了巴别塔，但露西之死主要还是她陷入自己制造的巴别塔的缘故。尽管她做过站在保罗的角度看问题的努力，但她却没有看到最关键的一点：她的所谓"坏我"，其实对保罗并无太大的杀伤力。保罗是生气了，是感觉到了受伤，但每次他都愿意去宽慰她的痛苦。

所以，在小说最后，当一个女子想和他约会时，他略犹豫后答应了。

露西的客户们喜欢露西为他们死去的亲人所制作的非写实主义的面具，喜欢将这些面具挂在家里最显眼的位置，这样可以看见面具便想起死者。但保罗明白：

"我努力记住她原来的样子，而不是那个为了安抚我的悲伤而被我建构出来的形象。"

记住她原来的样子，就是我能送给我们彼此的最佳礼物。

如实地看到恋人的真实存在，爱恋人本来的样子，而不是自己头脑中建构出来的形象，这也是我们活着的每个人应该努力做到的一点。

过火的自信＝自卑？

有些人习惯性地喜欢分析别人或找出别人的缺点，以彰显自己的高明洞见（不是基于职业上的需要，而是一种不自觉的日常习性），其实这也是源自深层的自我怀疑或低价值感——某种"自恨"的形式。因此，细微地去体认什么是"自爱"，便成了转化怨怼的关键点。

——胡因梦

自信的人似乎很多，但仔细观察你便会发现，太多人的自信似乎必须建立在别人自卑的基础上。

我一个朋友大学毕业后去一家民营企业工作，和她一同去的还有十多名大学毕业生。那是 1995 年，当地的民营企业第一次大规模招大学毕业生，所以成为当地的热点新闻，频频被报纸、电台和电视台报道。

她做了老板的秘书。工作几个月后，有一天，办公室里就他们俩，她忙着做秘书分内的工作，而他突然冒出了一句话："我一天挣的比你一年的工资都多。"

今年，我这个朋友偶然和我说起这件事，她还是有些纳闷，这个老板当时为什么对她说这样一句话。

我问她："你当时的感受是什么？"

她想了一会儿回答说："有一点点自卑，但不强。"

我解释说："他让你自卑，是因为他自卑。"

听我这么解释，她若有所思地回忆说，这个老板的确是有些问题。譬如，他常给大学生安排一些艰难的任务，美其名曰"重用你"，但一旦没有按照他的要求完成任务，他就会讽刺说："瞧你们，还大学生呢，还不如我这个没文化的。"他常这么做，就令她隐隐觉得，这个强势的老板好像有点不对劲。

不过，她也只是隐隐觉得而已，没有明确想过老板其实很自卑。现在经我这样一提醒，她认为他的确是非常自卑的人。

"你怎么这么快就做出了这个判断？"她问我。

我回答说："现代心理学发现，一个人想和你建立一个什么样的外部关系，就意味着他有一个什么样的内在关系模式。当这个老板说'我一天挣的比你一年都多'时，他显然是想和你建立这样一个人际关系——'我行，你不行'。而他这么做，只是表明他先有一个内在关系模式——'我行，你不行'。"

更确切的说法是，这个老板的内在关系模式是"'内在的父母'行，'内在的小孩'不行"。

如果一个自信满满的人总是有意无意地挑你的刺儿，令你在他面前感到莫名地自卑，那么可以大致推断，这个貌似自信的人有着"我行，你不行"这样的内在关系模式。

内在关系模式的四种模型

我的很多文章都讲到，所谓的性格或人格，其实就是"内在的父母"与"内在的小孩"的关系。

这是一种概括性的说法，更详细的说法是，我们童年时和重要亲人的人际关系互动，都会被我们内化到内心深处。我们的一生，便是将这些内在的关系投射到外部的人际关系上的一生。当然，成年后的外部人际关系也会部分地改变内在的关系，但这很难。

在这些重要的亲人中，父母通常是排在第一位的，所以我的文章将这个本来很复杂的内在关系概括称为"内在的父母"和"内在的小孩"的关系，其实还有像"内在的祖父母""内在的外祖父母"和"内在的兄弟姐妹"等与"内在的小孩"的关系。我几乎只写"内在的父母"与"内在的小孩"的关系，只是为了写文章的方便。

这个内在的关系模式，大致有四种。

1."我行，你也行"，也即"'内在的小孩'行，'内在的父母'也行"。假若父母爱自己的孩子，同时又给予孩子自由，认可孩子的独立空间和能力，那么这个孩子就会发展出这样的内在关系模式。

2．"我行，你不行"，也即"'内在的父母'行，'内在的小孩'不行"。假若父母至少有一人爱孩子，但同时又对孩子极其严厉，甚至常用暴力方式对待孩子，那么这个孩子就容易形成这种内在关系模式。

3．"我不行，你行"，仍是"'内在的小孩'不行，'内在的父母'行"。假若父母至少有一人爱孩子，但同时又喜欢孩子温顺而听话，那么这个孩子就容易形成这种内在关系模式。

"我行，你不行"与"我不行，你行"的差别是：前者以"内在的父母"自居，而在建立外部人际关系时将"内在的小孩"投射给对方；后者则以"内在的小孩"自居，而在建立外部人际关系时将"内在的父母"投射给对方。

4．"我不行，你也不行"，即"'内在的小孩'不行，'内在的父母'也不行"。如果父母不爱自己的孩子，又经常折磨孩子，那么这个孩子就容易形成这种内在关系模式。

具备第四种内在关系模式的人，制造凶杀案件的概率很大，譬如连环杀手和偏执狂。我们不时会在新闻中看到情杀案件，即男人杀死了要和自己分手的女友或太太。这类案件的制造者多是偏执狂，爱人离开他们，是对他们最大的否定，令他们感到"我不行"。他们受不了这种打击，于是将爱人杀死，隐含的意思是"我夺了你的性命，你更不行"。

连环杀手和偏执狂自然是最危险的，但他们不是对社会危害最大的人，因为人们很容易对他们产生防范心理。

对社会危害最大的人，常常是第二种人。因为他们看起来很自信，甚至在某些人眼中称得上"非常优秀"，于是非常具有迷惑性。

最极端的"我行，你不行"的人，会处处都要自己说了算，并且不能接受别人展示自己强大的一面。他们要么用霸道的方式，要么用巧妙的方式，让周围的人感到自卑，从而将他的"我行，你不行"的内在关系模式充分地展现在他的外部人际关系上。

老板为什么只招窝囊废？

这样的人在普通生活中不难遇到。几年前，我曾在一个论坛上和一个老板论战。他发表了一篇文章，说他不愿意招应届大学毕业生，因为他们毛病太多。例如：

让大学生买复印纸，大学生价都不讲就买了回来。

让大学生去谈判，结果大学生把自己公司要付的价码谈高了。

没规定着装，结果大学生穿得乱七八糟。

……

我认为他是站在老板的角度看员工，所以没看清基本事实，于是我一直试图站在员工和现代管理的角度上和他论战，一一反驳他，如：

用人就是用人优点而避开缺点，如果一个大学生不爱讲价，你不必派他去买东西，说到买复印纸，一个斤斤计较的村妇更合适。

大学毕业生没有经验，你却派他去谈判，到底是重用他，还是害他？

规定着装很简单，只需你一句话，但你硬是不规定，却又挑别人刺儿，这是很无聊的隐秘的权力游戏。

……

当时辩论得很热闹，多数人支持他，少数人支持我。普遍看法是，如果是大公司，他斗不过我；如果是小公司，我斗不过他。

事情过了一两年后，有一天，我无意中再次想起此事，突然发现一个被忽视的事实——这个老板没有开除过一个大学生。有大学生主动离开了他的公司，他也承认，那些大学生有脾气、有才华。那么，留下的可以说是窝囊废了。他说自己讨厌这些窝囊废，但他又为什么不开除他们，反而将他们都留在自己公司呢？

我想，这其实是他潜意识中的渴望。他渴望营造这样一种外部关系：所有人中，只有"我行"，而"你们都不行"。

他之所以渴望营造这样的外部关系模式，是因为他的内在关系模式是相当极端的"我行，你不行"。

有这种极端病态的内在关系模式的人，在我们这个社会中似乎比比皆是。想必我们都听过这样的故事：某个组织或机构要招人了，明显是人才的，领导不要，而专门要了几个能力欠缺但爱拍马屁的。

能力欠缺且爱拍马屁，这就可以让一个领导很轻松地将自己"我行，你不行"的内在关系模式投射到自己的权力空间中。投射成功了，他自然会觉得很爽很自在，但是，这个组织或机构的前途就被断送了。

我们常以为，这样用人的领导一定能力低下，但并非总是如此。譬如项羽，武功盖世，兵法娴熟，而且贵族出身的他看似温文尔雅，最后却败给了缺乏实际技能的刘邦。项羽的才能不可谓不强，但他太在乎自己的强，于是用的人全是能力不如自己的。如果一个属下能力有超过他的地方，项羽就很容易猜忌他，从而一次又一次中了离间计。人们总以为，一个人之所以中离间计是因为智商低，但在我看来，这不仅仅是智商的问题，而是性格的问题，是中计者有一个"我行，你不行"的内在关系模式。

他否定你，是希望你听命于他

我的一些自己开公司办企业的朋友，都将万科房地产公司的老总王石当成自己的偶像。这主要不是因为万科赚了多少钱、王石在事业上多么成功，而是因为，管理万科这么大的公司，王石居然可以整年在外面游山玩水，似乎很少花精力打理自己的公司。

王石是怎么做到这一点的？

我和这些朋友探讨时，他们给出了一致的答案：放权。他们认为，王石将公司管理权下放，所以自己就不必花费太多的时间和精力了。

"既然放权可以让自己很轻松，那么，为什么你们不放权呢？"我问他们。

他们给出的答案一般有两个：自己的属下能力不够，能力够的属下他们不能信任。

但再探讨下去，我就发现，这其实是一个性格问题。有人能放权，是因为他信任别人，从而总能找到放权的理由；有人不能放权，是因为他不信任别人，从而总能找到不放权的理由。

也就是说，放权关键不在于别人，而在于管理者自己。如果一个管理者的内在关系模式是"我行，你也行"，那么他就总能找到值得信任的人，以及信任他们的理由，从而做到放权。如果他的内在关系模式是"我行，你不行"，那么他就会倾向于找能力低下的人，即便找了牛人进来，也要把这个牛人打磨成一个不自信的人，这样他的确就没有机会做到放权了。

在工作中，想营造"我行，你不行"的外部人际关系模式的人很多。在家庭生活中，想这样做的人也很多。其实，多数具备"我行，你不行"内在关系模式的人，会将自己这种内在关系模式投射到他关系网络的每一个角落。

美国心理学家帕萃丝·埃文斯在她的著作《不要用爱控制我》中描绘了一些男人是如何控制他们的太太的，她引用了一个后来幡然省悟的男人的话：

　　没有人能发现我的控制欲，因为我是个对待朋友很友善的人。但当周围没有别人的时候，我就很容易发火，我以为那是"发神经"……每当我"发神经"之后，都非常自责。类似下面这些行为，会经常在我与妻子之间发生：

　　不和她说话，让她感到孤独和被拒绝。

　　表现得很冷漠，当她问我有什么问题时，我却冷淡地说："没什么。"

　　有时候出门去玩，故意不告诉她去哪、什么时候回，让她在家里忐忑不安地等一夜。

　　不让她和她原来的朋友来往。

　　如果她问我问题，我就发火。

　　我总说是她的错。

　　我告诉她，结婚前我比现在过得舒心多了。

　　指责她整天不知道做些什么。

　　当我意识到我所做的一切，我心痛不已。我想要明白这都是因为什么。

　　这个男人这样做，是他的潜意识在追求这样一个结果：让他的太太彻底失去自信，最终彻底失去独立意志，从而完全听命于他。简单而言，他是希望太太彻底自认为不行，而认为他行。

帕萃丝认为，这个男人这样做，是因为他渴望将他头脑中的一个完美女性的形象投射到太太身上，而太太的任何独立意志都意味着他的投射失败，所以他会用尽一切办法打击太太的自信。

这种说法很好。不过，在我看来，这样做的男人，先是在自己的原生家庭中被极力否认过，这令他们建立起了"我行，你不行"的内在关系模式，他现在只是试图将这个内在关系模式展现在他和妻子的关系中而已。

一个持有极端的"我行，你不行"的内在关系模式的人，渴望别人不行的愿望极其强烈，最极端者则可以称为"恋尸癖"，即这样的人对生龙活虎的人不感兴趣，他们希望自己交往的对象最好没有一点独立意志。

假若你碰见这样的人，感觉到了痛苦，最好的办法是远离他。

多数人渴望"我行，你也行"的关系

不过，多数具有这种内在关系模式的人也渴望建立"我行，你也行"的外部关系。

譬如，本章一开始提到的我那个朋友，老板说了那句话后，她思考了一下说："的确，可能我一辈子都挣不了你一个月挣的，但是，我觉得你很累。"

这是一个完美的答复。老板那句话传递了两个层面的信息：事实层面，他的确一天比她一年挣得多；情绪层面，他希望她自卑。

秘书的答复，则是先承认了事实，但同时拒绝接受他投射过来的自卑。

她不接受他投射过来的自卑是明智的做法，因为一旦她接受这种投射，她就是承认自己不行了，那么，以后这个老板就会继续蔑视她。相反，她将这个投射给挡了回去，暂时会令老板觉得不舒服，但这个老板因而知道，他继续向她投射心理垃圾是要付出努力的，于是他以后会有所收敛。

并且，更重要的是，这个老板真的很累。因为，在玩"我行，你不行"的游戏时，他得付出很大的代价，他要在公司和家等各种场合中维持"我很行"的形象，这的确是太累了。

虽然累，但他不敢放松下来，因为他过去的经历告诉他，当他表现出"我不行"的一面时，他得到的不是理解、同情和安慰，而是批评和呵斥，甚至有辱骂和暴打。所以，为了保护自己，他不得不总是硬撑着。

但这个小秘书属于另一类人。她当时尽管没有理解老板在干什么，却做出了完美的回复。她能做到这一点，是因为她自己的内在关系模式是"我行，你也行"。这样的人会本能地识破你的假自信，从而不会接受你投射过来的心理垃圾。但同时，这样的人还有一个特别之处：假若你真的在他面前袒露你的脆弱，他不会看不起你，相反会一如既往地尊重你。

她回忆说，这件事发生后，老板的确对她越来越好，虽然他仍会训斥其他大学生，但逐渐给了她特殊待遇，不过不是物质奖励，也不是升职，而是对她有异乎寻常的尊重。

这个故事说明，人与人之间的较量，常常不是外在力量上的，而是人格力量上的。并且，真正自信的人，会具有更大的感染力。

优秀的女性为什么怕成功?

> 很多女性在有了事业之后，家庭本身可能就不幸福了。但我和我丈夫两人却学会了一起努力来平衡事业和家庭。我认为对男人来说，最重要的是在感情上让他们有安全感和满足感，不要让他们有一种"老婆成功，自己不行"的感觉。我的丈夫非常善解人意，他在感情上也靠得住。
>
> ——基兰·马宗达尔·肖（印度最富有的女人，生物制药公司 Biocon 的创始人）

前不久，我陪一个刚认识不久的朋友去北京办事。我们约在白云机场见面，她早早订了机票，时间是17时30分。我怕误机，于是16时就赶到了机场，但一直不见她的身影。给她打了好多个电话，没接；发了几条短信，也没回。

17 时 05 分时，她才姗姗而来。"抱歉，我的两部手机都调到了静音。"她一脸歉意地说。

这倒没什么，我说，因为在等待的时候，我一直在读书，所以不会浪费时间。但问题是，不能赶上原有班机，我们只能改签下一班了。结果，两张本来 4.5 折的机票，改签成了两张 9.5 折的机票，多花了近 1500 元。好在，这位朋友虽然年轻，但有一家规模不大不小的工厂，生意火爆，称得上是成功人士，这点钱不会让她心疼。

不过，我发现，她手腕上戴着手表，而且也有专门的司机帮她开车，送她来机场。然而，在到机场前的约两小时内，她一次时间都没看过。这就很有意思了。

更有意思的是，她告诉我，误机对她来说是常事，"一半一半吧"。也就是说，一半时间能赶上原来的班机，一半时间要改签，而她每年要坐二三十次飞机。

为什么会这样？和她聊了很久后，我找到了答案：这是优秀女性对成功的恐惧。

很多女性对可以预期的成功怀有恐惧，这是美国女心理学家马蒂纳·霍纳在 20 世纪 60 年代发现的一个现象。其原因有多种解释，最通常的解释是：如果太成功了，女性会担心自己在与异性的亲密关系上遇到麻烦。她们下意识地认为，男人惧怕优秀的女性，惧怕和成功的女性建立亲密关系，除非自己比她们更强大。因为这种恐惧，许多优秀的女性会做一些连自己都不明白的莫名其妙的事情，以避免自己过于成功。

我这位朋友，她不仅误机，而且经常迟到，不仅在日常生活中如此，在商务谈判中也是如此。并且，她总说自己很笨，"是别人帮我把事情做好的"。此外，她的生活也比较缺乏计划性。对她而言，这些做事的风格，和误机一样，其心理意义是，她在对自己、对周边的男人、对整个社会说："你看，我不是一个渴求成功的女人。我这么没计划、没条理，我经常迟到，我还经常误机，所以说，成功不是我做来的，而是上天的安排与恩赐。"

或者，这样做有更直接的意义，那就是毁掉一些机会，从而得以避免更成功。

小资料：成就动机

一个人成就动机的强弱，在相当程度上决定了他的成功与否。

心理学家认为，成就动机含有两种成分：追求成功的倾向和避免失败的倾向。一个人成就动机的水平等于追求成功倾向的强度减去避免失败倾向的强度。所以，前者越强，一个人的成就动机就越强；后者越强，一个人的成就动机就越弱，因为如果太害怕失败就会不敢接受挑战，从而回避困难的任务。

高成就动机者具备以下三个特征。

1.具有挑战性与创造性。高成就动机者具有开拓精神，喜欢富于挑战性的任务，并全力以赴获取成功。他们富于创造性，总是力图将每件事做得尽可能好。

2.具有坚定的信念。他们目标明确，对自认为有价值的事情会持之以恒，无论遇到多大的困难，都始终不放弃自己的目标。

3.正确的归因方式。他们把成功归因于能力与努力，而把失败归因于缺乏努力这种可变的内在因素。这种归因方式会使他们总是从自己身上寻找答案，并改变自身的缺点，不断努力，不断进取。改变自己是最容易的，但低成就动机者总是把成功归结为外在原因，如运气，于是自己不去努力改变自己，从而丧失了进步的机会。

关于成就动机的两种倾向可以用下面这个例子说明。我经常误机的这位朋友，其实有很高的成就动机。她最初是做推销员的。她回忆说，在敲每一个客户的门时，她都感觉不到任何害怕，哪怕面对超大型公司的老总级人物，尚是一个黄毛丫头的她仍能镇定自若地和他交谈。"我从不怯场，这是自然而然的，没一点伪装。"她说。换成心理学语言就是，她避免失败的倾向极其微弱。

用跳槽逃避成功的女人

琪就是毁掉了一个又一个机会，所以工作能力极其出色的她，尽管已 37 岁，却仍然只是一家小公司的小经理。

"我是做了一次心理咨询后才意识到自己有成功恐惧。"琪在接受采访时说，"成功恐惧的第一次表现是高考吧。"

　　她回忆说，她高三的时候成绩极其出色，足以上北大、清华这种超一流的学校。但是，第一次高考时，她发挥失常，结果刚过重点线。因为她爸爸对她的期望很高，所以她没去上，而是选择了复读。第二次高考，她发挥正常，超出清华分数线近 30 分。但在报志愿时，她违背爸爸的意愿，选择了爸爸的母校———所普通的重点大学。"现在回想起来，是因为我害怕上比爸爸的母校更好的学校，因为那意味着我比爸爸还出色。"琪说。

　　大学四年，琪成绩一般，却是风云人物。她爱跳舞，又擅长组织活动，"出过一个又一个风头"。毕业时，她被分配进一家大型的国营外贸公司，"是当年第一个被提拔的毕业生，也是公司历史上升得最快的"。但三年后，她决定辞职。

　　这次辞职看起来有很容易理解的原因：琪离婚了，所以想换一个环境。这次她找的是一家港资电子类公司，一进去，因为她有丰富的工作经验，公司老总想安排她做部门经理，但被琪拒绝了。"我要求从最低级的销售员做起，公司老总很高兴地答应了。他以为我是喜欢挑战的人，我当时也这么认为。"琪说。

　　两个月后，因为成为公司的销售冠军，琪被提拔为部门经理——这正是她一开始就可以获得的职位。又过了两个月，公司打算把她升为副总。但是，她又辞职了。

"我一定是有什么地方不对劲"

　　"这次没有什么明确的原因，我也不清楚为什么要辞职，只是觉得很累，不想再做电子这一行了。"琪说，"大家都觉得我莫名其妙，毕竟副总不需要每件事都亲力亲为，如果会统筹工作，还是可以做得比较轻松的。"

接下来，她又换了几个工作，每次进入新公司，她都要求从"最初级的销售员做起"，但等升到一定位置后，她就辞职了。职位最高的一次也是副总，但刚升上去一个月，她就又辞职了。

后来，她干脆自己开了一家公司，做机票、火车票的销售。

"当时这种公司很少，能拿到机票的人差不多可以算是垄断经营，很挣钱。"琪回忆说，"我公司里的小姑娘最多一个月都可以挣到两三万元，我的收入就更不用说了。"

这样做了一年后，琪又把公司给关了，又是"说不清楚的原因，我跟别人说，是嫌麻烦，但实际上，我自己也觉得有点稀里糊涂"。

就这样，琪不断地跳槽，到现在已经记不清楚跳了多少次。并且，在一个城市"待腻了"，她就换一个城市。迄今为止，她已在五六个城市工作过了。

这是一种奇迹，做过公司副总、自己开过公司，并且有一系列"辉煌回忆"的琪，现在只是广州一家仅有十余名员工的小公司的小经理。

"不能再这样下去了，我一定是有什么地方不对劲。"琪说。于是，她两个月前去看了心理医生。

心理分析：跳槽是对自己优秀的惩罚

在咨询室里，琪最先谈了高考的事，咨询师问她："你是害怕成功吗？"琪回忆说，听到这句话，她当时有一种"五雷轰顶"的感觉。接下来，当咨询师和她探讨起她为什么害怕成功时，她的内心深处一直不愿被触及的痛苦回忆终于被触动了，而那正是答案。

原来，就在她离婚前，她的哥哥遭遇了一场意外的横祸而惨死。惨剧发生之后，她一直是家里最坚强的人，从打理后事到出殡，都是她一手操办，而且她也极力去抚慰父母那破碎的心。但是，"我内心深处的内疚感却无法处理。"琪说。

原来，琪从小就是父母的宠儿。她非常聪明，爸爸对她寄予了极大期望，而对她哥哥却没有这种期望。她也不负爸爸厚望，从小学到高中一直都是学校屈指可数的尖子生。

"小时候，爸爸让我做什么，我就做什么，没觉得有什么问题。"琪回忆说，"但先是在高考填报志愿时，我在潜意识中不愿意超越爸爸。等上了大学后，可能是女孩们共同的成功恐惧也感染了我，所以我不再刻苦学习。爸爸对我的期望是做中国的居里夫人，但现在，我只想做一个女人。"

大学时，琪就隐隐有了内疚感，"仿佛是，我开始觉得，不应该比哥哥强，我把本来属于哥哥的宠爱夺走了"。

哥哥的惨死一下子将这种内疚感激发到顶点。"内心深处，我后悔自己比哥哥强。我占有了那些属于他的东西，我想他应该比我优秀才对。"琪说，"在潜意识中，我决定把自己得到的这些给还回去。于是，我一次又一次地通过没有价值的跳槽来惩罚自己，直到今天。"

琪的故事，多了一个受害者——她的前夫。

因为对死去的哥哥的内疚，琪极力惩罚自己，离开前夫同样是对自己的惩罚。其中的心理意义有很多种可能。或者，哥哥——这个跟她关系亲密的男人的惨死带来的伤痛太重了，琪不想再经历第二次，所以她先断绝更亲密的关系——与丈夫的关系，以防止这种可能性的发生；或者，只要有一个与异性的关系让她觉得自己比男人优秀，她就要逃，因为这个关系和她与哥哥的关系一样，会让她极为内疚；或者，因为她无法接受自己最重要的部分——她很能干，而变得也无法接受自己最亲密的人。

"对于优秀的女性，最好的办法就是忠于你自己，接受你的确优秀的事实。"中国科学院心理所的陈祉妍博士说，"我们如何对待自己，就会如何对待别人。如果我们否认自己，我们也会容易否认别人。"

"事实一旦产生，就不容否认，也无法否认。"陈祉妍说，"如果你的确很优秀，但又不想承认这一点，极力否认这一点，那么，你内心对优秀的渴望会更强烈。只不过，你不再要求自己优秀，而是要求亲密关系中的其他人优秀，譬如你的恋人、丈夫或孩子。并且，除非他们比你更优秀，否则你会攻击他们，认为他们配不上你。"

解决之道：接受天赋才能

我的一个研究生同学，是我们当中被公认为最有天赋、最有可能在心理学上有所成就的人。然而，她自己对被公认为头号才女的事实感到不舒服。她说："在很长时间里，我极力想掩饰自己是一个才女的事实，我内心隐隐觉得，不这样做就嫁不出去。"

这种掩饰在她结婚后达到顶点。那段时间，我每次见到她都觉得很难过，因为她身上那种天才的锐气似乎消失了，她"变成"一个中规中矩的家庭妇女，说平常女性都说的话，做平常女性都做的事，而且走起路来，个子很高的她总是弯着腰。尽管做了这些努力，但她的这次婚姻并未能持续下去，相处了近两年后，她和丈夫离婚了。

"我以为否认自己的优秀，把它们压下去，就可以和一个男人相处了。"她说，"但我错了。你扭曲自己、否定自己，你必然会觉得很委屈。于是，我最后把这种委屈转嫁给了我的前夫。"

其结果就是，她一开始认为自己能接受这个有点平凡的男人，但最终，她对他越来越挑剔，虽然这种挑剔没有表现出来。譬如，虽然她从不说刻薄的话或做刻薄的事，以刺激丈夫，却越来越不愿意看到他。

"这不是他的问题，而是我的问题。"她说，"优秀的女人势必有对优秀的渴望。你否认自己优秀，不成长了，你就会把这种渴望投射到身边的男人身上。如果男人果真卓越，你会欣然接受。如果男人不如你，你会特别愤怒，恨他怎么就那么差劲！"

她继续说："你如此愤怒，首先是因为你对自己愤怒，因为你否认了自己最重要的天分，但这一部分不会消失，它会反抗你的压制，它让你心中充满愤怒。并且，这种愤怒藏在潜意识中，寻找一切机会喷涌而出。那个机会就是，当男人脆弱的时候。"

这对夫妻关系有巨大的杀伤力，因为再强大的男人，在脆弱的时候，也需要理解与保护，而不是相反。

其实，哪怕是世界上最优秀的女人，她也仍然是一个脆弱的女人。如果她全面接受了自己，既能接受自己的脆弱，又能欣赏自己的优秀，那么，她也会安然地接受男人，欣赏他的优秀，接受他的脆弱。这时候，关系会自然而然地变得和谐。

男性也有成功恐惧

女性的成功恐惧到处可见。譬如，在接受新工作或新职务时，女性常犹豫不决，总是先考虑自己能力是否足够，或是说"我要先回去跟家人商量"。此外，年轻女性也常常在闲谈中说："不想干了，找个老公养我就好了！"

这看起来像是玩笑话，实际上却反映了女性恐惧成功的集体潜意识。

霍纳是最早研究女性成功恐惧的美国女心理学家。1968 年，她请女大学生构思一个故事，其开头语为"第一学期末，安妮发现自己在医学院的班上名列第一"，而对于男大学生，开头语中的"安妮"改为"约翰"。结果发现，68% 的安妮的故事比较悲惨，典型的故事是她取得事业成功，但婚姻不幸，要么是迟迟找不到另一半，要么是离异。相反，91% 的约翰的故事比较幸福，最终的结局多是"才子佳人"，不仅取得了事业成功，还找了一个漂亮老婆。

霍纳由此提出女性有恐惧成功的倾向，原因在于社会和家庭给女性的定位是柔弱的、被保护的、不抛头露面的，所以成功就意味着对这种性别角色定位的挑战和背叛。我国研究者也做过类似的研究，都验证了霍纳的结论。

不过，女性并不是恐惧所有方面的成功，在符合女性性别角色定位的职业上，譬如医护、音乐、演艺、文学等方面，女性的成功恐惧就比较低。相反，在女性的传统领域，男性倒明显有了成功的恐惧。譬如，《信息时报》2006 年 5 月的报道称："男护士在各大医院受欢迎，恋爱上不受欢迎。"就因为护士是女性的传统领域，于是，在人们的潜意识中，护士就和女人味画上了等号，女孩因为下意识里担心"男护士＝有女人味的男人"，从而不愿意和他们谈恋爱。

刘玲是一个富有上进心的女孩，立志做一名激光专家。经过努力，她在大三的期末考试中取得了年级专业课第一名的好成绩。她非常高兴，她想，这是向理想迈出的第一步，但离实现人生目标还有很远的路要走，而无论多难，她都会坚持下去。此后，她更加发奋学习。同学们梳妆打扮时，她在图书馆学习；情侣们外出逛街时，她在实验室做实验。渐渐地，她与周围的同学疏远了。

父母劝她，女孩子有个大学文凭就够了，不然会嫁不出去的，但她仍坚持己见。33 岁时，她获得了博士学位。随后几年，她成绩斐然。然而，她的婚姻问题一直没解决，每天晚上都与孤灯相伴。后来，她不得不委屈自己，与一位60 多岁失去妻子的老干部结了婚。没想到，结婚刚一年，丈夫就提出离婚。刘玲感叹道："处理好家庭与事业的矛盾真是一门比激光还艰深的学问！"

——一名计算机专业女大学生对女性成功故事的想象

赵刚是年级中学习的佼佼者，这次又考了第一。当然，激光本来就是男生的专利！班里的女生学起来都是不要命的，她们关心分数，但男生这样做就很难。大部分人对赵刚的成绩没什么想法，只是成绩在他后面的几位女生不服气，认为赵刚只是运气好而已。赵刚自己对此也并不十分看重，他只看重过程。假如赵刚结婚，他的妻子一定是个"佳人"，才子佳人嘛。婚后的赵刚事业会更上一层楼，家庭幸福美满，孩子很有教养。

——一名计算机专业男大学生对男性成功故事的想象

教孩子知识，
不如给孩子爱

*

低挫折商是怎么被炼成的？

把一个坏苹果和一个好苹果放到一起，好苹果也会变成坏苹果。

这个道理很简单。然而，太多家长在"教育"孩子的时候，会将"好苹果"和"坏苹果"捆在一起，结果孩子身上的那些"好苹果"也逐渐变成了"坏苹果"。

我们国家的孩子普遍被认为经不起挫折，并且，较一致的看法是，溺爱导致了这一结果。

然而，最近和几个家庭的聊天让我觉得，这一看法是片面的。溺爱未必就是孩子们低挫折商的主要杀手，这一问题的一个重要原因是，父母们为了让孩子听话，常使用要挟的方法。

所谓要挟，即如果你在事情 A 上不听我的，那么我就剥夺你在事情 B 上的好处。

这样的做法导致了挫折扩大化。假设事情 A 是一个问题，而事情 B 本来不是问题，那么，当父母们使用要挟的做法时，就是将事情 B 和问题 A 捆绑在一起了。这时，坏苹果效应就发挥作用了，因为问题 A 这个坏苹果和事情 B 这个好苹果被捆绑在一起，事情 B 也被感染成坏苹果了。

并且，假若父母们常使用要挟的手法，那么挫折就会不断扩大，最终，事情 C、事情 D、事情 E 等全被感染成了坏苹果。

这样发展下去，孩子最终会形成一个糟糕的心理机制：他一看到一个小问题产生，立即就担心一个很大的恶果出现，于是对这个小问题非常恐惧。这就是所谓的经不起挫折，也即低挫折商。

小知识：挫折商

挫折商（Adversity Quotient）的英文简称是 AQ，是美国职业培训师保罗·斯托茨提出的概念。

1997 年，斯托茨在《挫折商：变挫折为机会》一书中首次提出了挫折商。简而言之，挫折商就是一个人化解并超越挫折的能力。2000 年，斯托茨又出版了《工作中的挫折商》一书。从此以后，AQ 成了职场培训中的重要概念。AQ 不只能衡量一个人战胜工作挫折的能力，它还能衡量一个人战胜任何挫折的能力。面对同样的打击，AQ 高的人产生的挫折感低，而 AQ 低的人就会产生强烈的挫折感。

研究证实了这一点。一家电信公司的销售数据表明，高
AQ 员工比低 AQ 员工的销售额高出 141%。其他研究也发现，
高 AQ 员工的生产能力、创造力和沟通能力也显著好于低 AQ 员
工。并且，高 AQ 的病人在手术后恢复得也远比低 AQ 的病人快。

不要把一个坏苹果和好苹果放在一起

低挫折商的人一个重要特征是将挫折扩大化，即当事人会将
一个挫折的恶果延伸到其他方面。于是，他们遭遇到一个挫折事
件后，很容易产生"天塌下来了"的感觉，从而觉得一切都糟透
了。这样一来，一个挫折事件就会像瘟疫一样蔓延到他生活的方
方面面，最终让他因为一个挫折而否定自己的一切。

相反，高挫折商的人较少这样做，他们会将挫折的恶果控制
在特定范围内。他们知道，一个挫折事件只是一个挫折事件。

挫折扩大化的习惯是怎么形成的呢？最近听了几个家庭的故
事后，我认为父母的"培养"是一个很重要的因素。

下面这个故事可以很典型地反映出挫折是怎么被扩大化的。

刘太太带着 10 岁的儿子壮壮去他最要好的小伙伴林林家做
客。本来的计划是吃完午饭后两家一起去游泳，而游泳是壮壮特
别喜欢的运动。

然而，在吃饭的时候，一件不愉快的事发生了。当时，壮壮
打了一个喷嚏，林林正好坐在他对面，结果一些唾沫星子喷到了
林林的碗里。

刘太太看到了这一幕，希望儿子能向林林道歉。没想到，壮壮不但没有道歉，反而迅速大口吃完饭后，随即去了客厅里看电视。

刘太太很生气，也觉得有点丢脸，认为儿子实在太不懂事了，于是跟着去了客厅，并要壮壮去道歉。壮壮很不情愿，认为妈妈是小题大做，毕竟林林和林林的妈妈都不在乎，为什么非要去道歉，并且他也不是有意的。

看到说不动儿子，刘太太变得更加生气，对壮壮说："如果你不道歉，就别想去游泳。"

壮壮听到妈妈这么说，一下子失控了，向妈妈喊道："不去就不去，我根本不喜欢游泳！"

接着，壮壮跑了出去，但在跑到门口的时候，被刚回来的林林爸爸给拦了回来。林林妈和林林对刘太太说，他们并不生壮壮的气，毕竟壮壮不是有意打喷嚏的。最后，两家人还是去游泳了，但在游泳馆，壮壮一直坐在那里生闷气，游泳对他的吸引力已明显降低了。

听刘太太讲完这个故事后，我问她，当时怎么想到用游泳作为条件让壮壮去道歉的。

刘太太说，她知道壮壮喜欢游泳，因此她想用限制壮壮做自己喜欢的事情，以换取他的道歉。

当然，她失败了。

"并且还带来了一个糟糕的副作用，"我对她说，"你儿子对游泳的兴趣也明显减少了。"

这是一个很有代表意义的故事，它典型地显示了一个好苹果（对游泳的兴趣）是怎么被一个坏苹果（打喷嚏事件）给感染的。

并且，在与刘太太和她丈夫的交流中，我发现，限制儿子做自己喜欢的事情 B 以迫使他在事情 A 上向妈妈让步，已成了刘太太一个最常用的"教育"方法。结果可想而知，壮壮的兴趣爱好明显有日益减弱的趋势。

"那我该怎么办？"刘太太问我，"难道就听任他做了错事也不道歉？"

刘太太这样问，就好像是，她面临的是非此即彼的选择，要么听任儿子打喷嚏不道歉，要么就是用不去游泳做威胁以迫使儿子道歉。

当然不是这样，因为除了这两个选择外，还有其他许多种选择。仅仅在如何面对儿子打喷嚏这件事上，就有许多种选择，不同的家长会有不同的智慧去面对这件事。

但无论如何，应有一个原则，就是把打喷嚏不道歉这件事当成一件独立的事来看待，而不要掺杂进其他事情，否则很容易产生"坏苹果效应"，让挫折扩大化。本来只是打喷嚏不道歉一件小事，最终却弄成了儿子险些离家出走的大事，还制造了一个副作用——小家伙对游泳的兴趣减弱了。

"民主手法"摧毁了儿子的学习兴趣

假若这个事件不是发生在妈妈和儿子之间，而是发生在两个大人之间，那么一方使用这样的手法，另一方可能立即会质问：
"你想要挟我吗？"

这的确就是要挟，并不会因为是妈妈和儿子的亲密关系，这种要挟的味道就变淡了。壮壮之所以那么生气，就是因为感觉到自己是被要挟了。

这种要挟的手法，看来在我们这个国家非常流行。某个周日，我去某地参加一家报社举办的一个活动，随后和几个家庭聊了一会儿，结果发现，要挟的手法在这些家庭中非常常见。

梁太太有一个上初三的儿子，很乖，很听妈妈的话。他学习上很努力，也很少上网，每次想上网都会征求妈妈的意见，如果妈妈不在家，他就很自觉地不上网。梁太太描绘儿子的情况时，周围的妈妈们都发出羡慕的惊叹。

不过，梁太太也有自己的苦恼："他是很努力，但自己没什么兴趣，缺乏主动性，所以学习效果不好，成绩也不怎么样。"

梁太太的描绘让我感觉，她是一个很强势的妈妈。我指出这一点后，她赶紧辩解说，她很民主的，每次要求儿子做什么事情时，都会和儿子商量，如果儿子不愿意，她不会强迫他做什么。

她举例说，儿子的数学成绩不好，她专门给儿子报了一个补习班。结果，她儿子周一到周六要上课，周日还得去上补习班，没有休息的时间，非常累。于是，他有一天和妈妈商量说，他可不可以不上数学补习班。

梁太太说，这时她表现得很民主，对儿子说："你可以不去上数学补习班，不过，你在数学上丢的分数，是不是应该在物理和化学上补回来？"她儿子诺诺地答应了。

听完梁太太的说法，周围的妈妈们笑了起来。我也苦笑了一下，问她："这就是你说的民主？"

梁太太点了点头。

我说："那我可以推测，你儿子的物理和化学成绩会下滑。"

梁太太吃了一惊，说："的确如此，但你怎么会预料到？"她说，她和儿子商量不上数学补习班这件事是几个月前发生的，那时儿子的物理和化学成绩还不错，但现在，他的物理和化学成绩已明显出现了下滑。

我继续问这个妈妈，她使用"民主手法"的范围有没有涉及儿子的所有科目？她想了想说有。

听她这么说，我接着说："我还可以预料，你儿子的所有科目成绩都一般。"

我解释说，假设数学成绩差是一个坏苹果，对待这个坏苹果，你可以想办法让它恢复，也可以接受它就是事实，已很难改变了。但无论如何，要把这个坏苹果看成一个独立的事情，而不要把它和其他科目搅在一起，否则其他科目也会变成坏苹果。

并且，梁太太的所谓"民主手法"明显是要挟。看起来她好像对儿子说："没问题，我可以答应你的要求。"然而，她随即提出："你要在其他方面满足我的条件。"这种披着民主外衣的要挟手法危害很大，因为孩子仍然会感觉到自己是被威胁的，他势必会对父母的意志产生反感，于是在潜意识上会和父母对着干。

解决之道：就事论事

刘太太和梁太太的故事表明，不要把好苹果和坏苹果掺在一起，是一个很重要的原则。如果想培养孩子的高挫折商，那么还有一个重要原则：不要把小问题看成大问题。更准确的说法是，不要把现实中的小问题看成是想象中的大问题。

这是很简单的道理，但和父母们聊天时，我发现太多的父母有这样一个坏习惯：一个小问题在孩子身上发生了，父母们想象到这个问题延伸下去会成为一个大问题，于是如临大敌，对孩子的小问题大动干戈。但他们的行为强度与孩子目前的小问题是严重不匹配的，实际上是他们没有看见孩子遇到的是小问题，他们看见的是自己头脑中想象出来的大问题。

这样做常有这样一个结果：孩子产生逆反心理，觉得父母凭什么因为一个小问题对他大动干戈，于是在意识上不得不听父母的，但在潜意识上开始和父母对着干，最终，这个小问题果真成了一个大问题。

王女士和女儿的故事就反映了这一点。她的女儿杨杨在上初三，学习成绩从初二开始一落千丈，现已从班里的第一名下降到了三十多名，而且有继续下滑的趋势。

为什么会这样呢？

王女士说，都是网络和手机惹的祸。原来，从去年秋天开始，杨杨喜欢上了上网聊天。她在网络上管理着一个 QQ 群，从中获得了很大的乐趣，于是经常想上网。

但是，妈妈和杨杨此前达成过一个协议。按照这个协议，杨杨一个星期只能上一天网，而且时间也有限制。

王女士说，她是和女儿商量制定出这个协议的。杨杨也知道这一点，她一直想控制自己，按照协议规定的时间上网。但她最终没忍住，开始偷偷上网。发现女儿偷偷上网后，王女士非常愤怒，她严厉地训斥了女儿一通，并要求女儿严格遵守她们制定的协议。每次，杨杨都答应了，但一有机会就又偷偷上网了。

后来，王女士和丈夫等家人严格控制了家里的电脑，不再给杨杨偷偷上网的机会。这个问题总算解决了，谁想到很快又出了新问题，杨杨开始喜欢上用电话和同学聊天。

"一开始是几分钟，后来发展到二十分钟，现在发展到每天两小时。"王女士说，"她不仅令我发疯，我们一家人都在发疯。现在一听到杨杨打电话，不仅我会冲进她的房间训她，我的先生和我婆婆都会冲进去训她。"

这是一个典型的故事，表明了一个小问题最后是如何发展成大问题的。

遇到了一个问题 A，产生了挫折感，并把这个挫折感扩散到事情 B、事情 C 乃至人生的许多方面，这是典型的低挫折商。或者，遇到了一个小问题，立即就想到了极其可怕的后果，于是变得很焦虑，这也是典型的低挫折商。

　　低挫折商是怎么炼成的？本文提到的三个故事反映出，它常常是被父母们糟糕的"教育"方法给训练出来的。

　　怎么解决这个问题？答案其实很简单，就是要学会就事论事，遇到了什么问题，就把这个问题当成一个单独的问题来处理，而不要把其他的问题搅进来。

调皮的孩子更有能量

雯雯才两岁半，但她超懂事。

走路摔倒了，她最多小嘴一撇，接着就自己爬起来，绝不会哭一声，哪怕摔破了皮、流血了也是一样。

去医院打针，那些比她大很多的孩子都哭成一片，但她不哭，任医生怎么摆布都没事。

前天遇见一个朋友，她给我讲了这样一个小女孩的故事。她说，雯雯是她邻居家的女儿，雯雯妈章雪（化名）是一个教育学硕士。据说章雪是按照自己所掌握的教育学方式来塑造雯雯的，而且看上去很成功。雯雯不仅聪明，而且非常乖巧，从来不给大人惹一点麻烦，这令周围的邻居们非常艳羡，他们经常向章雪请教她的育儿经。

我问这个朋友："你一样羡慕她吧？"

"是啊！"

"那么，你用了她教育孩子的方式了吗？"

"我试过，但后来放弃了，因为狠不下心来。"

原来，章雪教育孩子的一个核心宗旨是：不中孩子的"圈套"。譬如，这么小的孩子摔倒后，第一反应总是看着妈妈，同时撇着小嘴要哭，章雪认为这是孩子想赚取妈妈注意力的办法。这时，如果妈妈去抱她、哄她，那么小丫头一定会哭起来的，甚至妈妈越关注，她会哭得越厉害。那么，抱她、哄她就是纵容了她的软弱，所以雯雯摔倒后，章雪基本上不会管女儿，甚至连看都不看一眼。结果雯雯只是一开始哭了几次，后来就再也不哭了。

至于打针不哭，就只是一个自然而然的结果。第一次打针时，雯雯就不哭，章雪先是吓了一跳，接着就为女儿和自己自豪起来，因为她认为女儿超坚强，而这坚强又是她教育的结果。但是，这个办法我那个朋友学不来，因为狠不下心。

我问她："你们周围的邻居有人学得来吗？"

她想了想说，比较少，心比较软的，都学不来；能学得来的，也是本来就能够对孩子狠得下心的，他们的做法和章雪的做法本来就有类似之处，不过章雪用她的理论知识帮助他们把做法系统化了一些。

这是选择性注意在发挥作用，教育学理论很多，许多理论甚至相互对立，而自己选择哪个理论，多是因为这个理论符合了自己内心的预期。

所以，这个妈妈之所以选择"不中女儿圈套"的"教育办法"，是因为她是能对孩子狠得下心的，对孩子狠不下心的父母就接受不了这种所谓的科学办法。

乖巧中藏着自卑和寂寞

听这个朋友讲雯雯的故事时，我想起了 2006 年我出差到莫斯科时，在莫斯科机场的候机厅见到的一幕。

一个四五岁的小女孩，长得像天使一样漂亮，穿着也非常精致，她的又帅又有气质的老爸，正在长椅上静静地读书。

和我一样，他们也去叶卡捷琳堡——俄罗斯第三大城市。在等待的近一个小时里，小女孩不断纠缠她的爸爸。每次，她都是很轻很轻地走到爸爸的旁边，仿佛生怕打搅他，然后很轻很轻地拉一下爸爸的胳膊，对他说点什么。

但那个爸爸没一点反应，不吭一声，而胳膊仿佛是钢铁铸就的一样一动不动，眼睛也不看女儿一眼，仿佛女儿所做的一切完全没有发生，仍然是全神贯注地读他的书。

女孩觉得有点无聊，于是离开爸爸，无聊地摆弄些东西。过了几分钟后，她忍不住又来纠缠爸爸，仍然是很轻很轻地拉一下爸爸的胳膊，说点什么，但爸爸仍然是没有一点反应，继续全神贯注地读他的书。女孩无聊地离开，过了几分钟后又来碰一下爸爸。……

这样过了约半小时，她彻底放弃了赢取爸爸关注的努力，开始自己玩，一会儿跳下舞，一会儿唱下歌。她的动作和歌声都太轻了，所以尽管她很漂亮，但是好像拥挤的候机厅中只有我在注意她，而对于周围其他人来说，她似乎不存在。

又过了半小时，登机时间到了，这位老爸合上书并将书放进行李包，把女儿喊过来，然后非常非常轻地拍了一下女儿的头，那眼神仿佛在说："乖女儿，你可真黏人啊！"

小女孩则羞涩地笑了一下，那种微笑中，有一点自责的成分，仿佛在说："爸爸，我知道自己错了，可我真是有点寂寞啊。"

想起这一幕，我的脑海中自动将她的形象和雯雯联系了起来。我仿佛看到这样一个无比乖巧的小女孩摔倒后独自爬起的样子，也仿佛看到她在医院里打针不哭时的眼神，那眼神里藏着一种羞怯和寂寞。

这羞怯和寂寞的含义是：我不好，我只会给大人惹麻烦；我好想哭，好想撒娇，但我知道，那样我在大人眼里就更不可爱了，这都是我的错，我一点价值都没有……

章雪为什么会这样对待女儿？我朋友的说法是，章雪认为，她自己小时候被父母溺爱惯了，所以有些娇气，也有些黏人，她讨厌自己这一点，但觉得改变自己好难。于是，她希望女儿不要像她这样，她希望女儿能独立。

这样的想法听上去很好，但很可惜，她是将依赖和独立彻底对立起来，是从一个极端走向了另一个极端，而且这里面还藏着家族命运的一个轮回，这也是一种常见的轮回。

调皮的孩子更有能量

在溺爱中长大的孩子，是父母牺牲自己的需要而去极大地满足孩子的需要，这最终会导致这个孩子形成一种不平衡的内在关系模式——"总是付出的内在的父母"和"总在索取的内在的小孩"。

所谓的依赖，即是索取，习惯索取的人，看上去会有些霸道。但是，他们同时又很讨厌自己不能独立生存。譬如，很多依赖成性的女孩，会有一个比较奇特的问题：非常怕小狗、小猫，却对大狗不恐惧。这是因为，小狗小猫是很黏人的，她们讨厌自己黏人的一面，于是会将这种讨厌投射到小狗、小猫等小动物身上，而大狗是不太黏人的，所以她们就不怎么惧怕它。

因为讨厌自己的黏人，所以这样的女子做了妈妈后，容易像章雪一样希望自己的孩子独立。

然而，章雪"不中女儿圈套"的做法其实是她的内在关系模式的展现，即她是将"总在付出的内在的父母"投射给了女儿，希望幼小的女儿能像自己父母一样不给她惹麻烦。在她和父母的关系中，估计是父母只关心她的需要，而她难以关心父母的需要。现在，她将这个关系模式转移到她与女儿的关系中。只是，她仍然以"总在索取的内在的小女孩"自居，而她的女儿则很小就不得不独立起来。

　　这样一来，雯雯就容易形成另一种截然相反的内在关系模式："总在付出的内在的小女孩"和"总在索取的内在的妈妈"。章雪希望女儿独立，但雯雯会觉得自己受尽了委屈，一直被忽视，所以等雯雯长大做了妈妈后，她会希望自己的孩子再也不要受自己童年的苦，于是她很容易百般溺爱自己的孩子。于是，雯雯的孩子就拥有了和雯雯的妈妈一样的童年，而最终也形成了和雯雯的妈妈一样的性格。

　　这是一种常见的隔代轮回，而这种轮回最著名的例子当数杨丽娟一家。我在多篇文章中谈到，杨丽娟的奶奶是一个只知索取的人，而杨丽娟的爸爸杨勤冀则是一个只知付出的人，他把女儿杨丽娟培养成了一个只知索取的人，于是，家族命运就不断在轮回。

　　要想打破这种轮回，首先，也是关键的一点是，认识到自己在做什么。章雪以为，她是在用科学的教育学手段塑造女儿，但其实，她不过是片面地借用了一种办法，是在将自己的内在关系模式投射到她与女儿的关系上。

　　其次，她应认识到，她是她，女儿是女儿。她如果认为自己有问题，那她该独自去承担、去解决这个问题，而不是希望女儿帮她完成自己未完成的任务。她很渴望独立，那么她该自己努力去走向独立，如果做到这一点，她就不会过分地要求这么小的孩子就独立。

　　最后，我想说，所谓的"乖巧"常是一种懒惰的逻辑。养育一个孩子太辛苦了，所以很多父母就希望孩子乖一些，这样的话，他们就可以省心很多。

然而，心中充盈着爱与被爱的体验的孩子，是不会太乖巧的。相反，他们会醒目地表达自己的需要，而不怕给父母惹麻烦。同时，他们也会努力地去表达自己的爱，而不会轻易退缩。

像这样的孩子，他们的父母常常会带着点嗔怪的语气说他们"调皮"，但如果仔细地聆听，你会发现，他们的语气中还藏着一种骄傲，似乎他们很欣赏孩子的能量。

这应该是对的，因为有能量的孩子，比乖巧的孩子更健康，也更容易适应这个社会。

他们为什么好吃?

世界是矛盾的。

表现出来的样子如果是 A,那么其深层的原因就可能是 −A。

例如,极其外向的人常常是没有一个知心朋友的,整天笑个不停的人内心是很悲伤的,看起来最性感的人是性冷淡,而那种看起来最简单的人脑子里充满了狂暴的想法和冲动……

同样的道理,咱们中国人很好吃,而导致这一表象的核心原因可能是,我们小时候普遍被饿坏了。

我的一些读者朋友建了一个 QQ 群,名称是"非正常人类研究中心",而大家则以"研究人员兼被研究人员"自居。

这么说，我就是"非正常人类研究标兵"了。很长时间以来，我多少也是以这种角色自居的，认为自己的文章过于尖锐，其实咱们国家的大多数家庭还是正常的。但从去年开始，我越来越觉得，咱们的大多数家庭是病态的。

第一次有这种感觉，是去一个小区演讲。演讲面对的听众都不是我的专栏读者。演讲结束后，现场三四十名听众中有七八名被我的演讲内容震动，他们聚在一起和我做了约一个小时的交流，基本都是请教孩子教育的问题。

交流结束后，我有点发晕的感觉，觉得自己仿佛是进了一个不可思议的地方，怎么会有那么多明显的、很可怕的事情就一直被这些家长当作理所应当的手段用在自己的孩子身上呢？

最近我又一次涌起这种感觉，是有一天我突然明白，和那么多妈妈聊过后，但明显够格称得上"足够好的妈妈"的却只有一个，就是《父母不是孩子的答案》中的男孩的妈妈。并且，前几天又和她聊天，才知道现在普遍流行着许多变态的育儿经。

譬如，她说，许多育儿书上都谈到对付几个月的婴儿夜间哭泣的办法：不管他，他哭几个晚上后就不哭了。

"天哪，"我说，"这不是杀人吗？"

"但很可怕的是，"她说，"这是很普遍的做法。"

和人聊天的时候，常碰到这样的女子，她把爱情当作唯一重要的事情。当爱情失去时，她就觉得整个世界崩塌了，因为这是她唯一的需要，也是她唯一的支柱。唯一的支柱都倒了，自然整个世界都坍塌了。

同样的道理，几个月大的孩子，吃，准确的说法是围绕着吃东西的所有口感的满足，差不多是他们唯一的需要，如果这个唯一的需要也得不到满足，他们也会有类似世界崩塌的感觉。

1岁前孩子怎么爱都不过分

记得"广州妈妈"网上曾有这样一个故事：儿子仅3个月，晚上哭泣时，年轻的妈妈会去抱他哄他喂他。这时，年轻的爸爸会非常暴躁，说应该给孩子挫折教育，不应该这样对他。

当时，我回复说，这个爸爸像在吃醋，他要和儿子争夺"妈妈"的爱。但现在我明白得更深，3个月儿子的哭声应该是唤起了爸爸身体的痛苦记忆，他小时候晚上哭泣时就是被那样对待的。"既然老子我小时候饿了没人管，凭什么你小子饿了就要人呵护啊！"

我这个朋友说，她觉得做妈妈的这时该敏锐地发现孩子的真实需要，并无条件地满足孩子这些需要。她说，她本能上反感那些育儿书的方法，当她不知道该怎么对待孩子时，她就会去看《动物世界》这类电视节目，向动物取经，譬如动物是不会拒绝想吃奶的幼仔的。

这也是目前流行的客体关系理论的说法：对于一个1岁前的孩子而言，不存在溺爱，怎么爱都不过分。当然，这里面有一个前提——养育者看到孩子的真实需要。

但这样做很累。譬如，我这位朋友记得，儿子三四个月时，会一小时吃一次奶，白天如此，晚上也一样，做妈妈的就会很累，但她就是坚持这样做的。想必这也是她的儿子之所以发展得那么好的一个关键原因吧。

关于这一点，一个朋友在我的博客上留言说，这样大的婴儿之所以频繁吃奶，不是因为新陈代谢，而是因为宝宝肚子里有气，所以这时要拍拍婴儿的背部，让他打一下嗝，然后他就可以吃多一些，那样就不必一小时吃一次奶那么频繁了。

我这个朋友也发现了这一点，但她说，这样做了以后，小家伙晚上要吃奶的频率仍然很高。作为妈妈，若想满足孩子的真实需要，就必须调整自己的生活节奏，主动去适应孩子的节奏，而不是反过来让孩子适应自己的节奏。

不哭是因为孩子绝望了

ID 为"象象妈妈"的网友则一针见血地指出，很多类似的育儿经"无视孩子的正常成长需要，完全以成人的方便为目标"。

站在不同的角度看问题，得出的结论会截然相反。我这位朋友说，她的亲戚朋友都警告她，不要把孩子惯坏了。

并且，她一个堂妹就用了那些育儿书上的办法，儿子才几个月时晚上哭不管，结果这办法真灵，孩子哭了几个晚上就真不哭了。

可是孩子为什么不哭了？因为绝望啊！哭是还不会说话的婴儿的愿望的表达，如果愿望都不表达了，这该是多么可怕的结果啊!

我这位朋友观察过,孩子是不哭了,妈妈是安生了,但是,晚上睡觉时,他的小嘴一直在发出"噗啦噗啦"的声音,像是吃东西似的,而他的身体,已经疼得打横了。

这真是可怕,挨过饿的大人想必知道这种滋味,而让一个婴儿去承受这种本不必承受的滋味,又是为什么呢?

有几天,这个小侄子在她家里住,晚上经常发出"beng beng beng"的奇怪声音。大家都不明白他在说什么,她猜测他说的是"饼",因为饿啊。于是一天晚上,她给他熬了一大碗很浓的皮蛋瘦肉粥,孩子半夜里醒了可以喝。结果,那个晚上,孩子再没有发出过一次这个声音,而第一次醒来喝了一大半粥后,他非常满足地叹出了三个字:"好味粥!"

这真令人心酸!

现在,这个孩子十来岁了,晚上不哭的、令大人省心的他有了严重的心理问题,他经常看见"鬼"。

此前,我在多篇文章中提到,所谓的"鬼"常是孩子心中"坏妈妈"形象的向外投射。妈妈总是有好有坏的,而如果坏的一面太多,孩子为了捍卫他和妈妈的关系,就会将"坏妈妈"的形象和他对"坏妈妈"的恐惧、愤怒甚至仇恨都压抑到潜意识中,而"鬼"就是这些潜意识的表达。

这听起来很荒唐,但请试着想象:你饿得死去活来,身边就有一个常说最爱你的人,她有一个丰盛的食物库,可她就是对你的渴求无动于衷,那你会是什么感觉呢?

粗暴断奶令女儿变内向

我在博客上发表了《那些变态的育儿经》陈述上述看法后，显然刺痛了很多人的回忆，结果不到一天就有了 50 多个回复，差不多创了我博客的回复纪录了。

网友"宅男奶爸"反省说"早就知道自己育儿有点变态了"，他写道：

> 女儿小的时候吃奶是没让她吃苦头的，可是一岁两个月时断奶却让她经历了绝望。她妈妈躲到乡下去了一周，女儿第一天从下午哭到早上，声嘶力竭，姥姥心疼得也跟着哭，但还是硬着心让她断了奶。
>
> 等过了一周妈妈回来时，女儿不认她了，原先灵气十足的眼睛充满了迷惘和陌生，原先见人就笑，主动打招呼，从那时起再也不主动了。
>
> 并且，她晚上睡觉时虽然不吃奶了，但一定要摸到妈妈的奶头才可以睡觉。现在她已经四岁半了，晚上若是摸不到妈妈的奶头就会哭，感觉应该是断奶后遗症。所以给那些要断奶的妈妈的建议是，不要断得太绝情，要有耐心慢慢断掉。

一些网友的回复显示，这种妈妈躲到别处或将孩子送到别处以强行断奶的方式很流行，但大人们到底是在追求什么结果呢？

难道断奶就那么重要，非得让孩子付出如此大的代价——"原先灵气十足的眼睛充满了迷惘和陌生，原先见人就笑，主动打招呼，从那时起再也不主动了"。

网友"好饿好饿的毛毛虫"则对比了自己和孩子的经历：

> 我小时候，妈妈有心脏病，生了我就被送医院抢救了，自然就没法子给我哺乳，我是喝奶粉和牛奶长大的。据说，我小时候很能哭，每天晚上哭得街坊四邻都睡不好觉。妈妈带我的时候没经验，常常是我饿了她才去冲奶粉，等忙完了我却睡着了。
>
> 我儿子是母乳喂养长大的，跟文中提到的妈妈一样，只要他饿了我就喂，不管什么时候。孩子爸爸对孩子也很温柔，所以我儿子从小就爱笑。见人就会无声地笑，很可爱，也很好带。现在儿子上小学了，很有主见，也很懂事……我明白了一些问题，孩子的好不是教育出来的，是用爱养育出来的，庆幸自己无意中做对了。

她还发现，这个道理也可以用在她的先生身上，"我婆婆是个凡事讲究规则的人，据说她喂孩子的时候就是按点供应的，所以，我爱人现在很'馋'"。

但估计不只是她的先生"馋"，她应该也很"馋"，因为她的网名"很饿很饿的毛毛虫"实在太经典了，它典型地反映了藏在她内心深处的饥饿感。

那么，中国人普遍好吃、普遍很馋，是不是源自同样一个道理呢？童年被饿坏了，所以长大了要好好弥补，再也不想体验这种感受。

不要限制婴儿的嘴部活动

吃是婴儿最重要的需求。如果再引申一下，还可以说，嘴是婴儿一开始探索世界的工具。

若用弗洛伊德发明的术语，就可以概括说，婴儿一开始处于"口欲期"，也即婴儿的心理能量集中在口部。他不仅用口来满足自己的生存需要，也用口来满足自己特殊的心理需要。譬如，他在吮吸妈妈的奶汁时，不仅可获得吃饱带来的满足感，也可以获得其他一些快感。

这也是为什么婴儿见到什么都会忍不住去咬。这时，大人就会很担心婴儿把东西吃下去，但其实，他们主要是在用嘴来感受这些东西。

所以，如果父母怕脏、怕不安全而过于限制婴儿的这些活动，婴儿最初的欲望就会严重得不到满足。随着年龄的增长，这种没有被满足感最终埋藏在内心深处，而驱使一个大人去做一些莫名其妙的事情，譬如吃手、咬指甲、抽烟、喜欢吮吸以及最普遍的好吃等。

所以，不仅要及时满足婴儿的吃奶需要，还要少限制婴儿的口部活动。对此，网友"顽石"写道：

有次一个朋友见我的宝宝在啃一个矿泉水瓶盖，就教训我："这你也给宝宝玩？等会儿吞下去了怎么办？"

我瞠目结舌地问她："你倒是试试吞一个瓶盖给我看看？"

她就不好意思地笑了："只怕万一嘛，还是小心一点好……"

她不限制孩子这样做，可能是看到了恶果，因为"我老公就是从小婆婆什么东西都不给啃，现在是个老烟枪，而且还爱咬人！郁闷！"

有一次，和一个好友聊天，发现已经40多岁的她还有很多孩子气的嗜好：

1. 想看鬼片，但又怕鬼片，所以到处买鬼片资源，然后锁在家里不敢看。

2. 爱看《少年侦探柯南》，她儿子下载，然后母子俩一起欣赏。

3. 爱看《机器猫》。

4. 好吃也很会吃。

她也是学心理学的，而且造诣很深，我们聊到最后，一同找到了这些"雅好"的心理原因。

1. 她小时候是保姆带的，保姆对她很恶劣，所以是"坏妈妈"，这是她心中"鬼"的源头。

2.《少年侦探柯南》是小孩抓大人坏蛋，其含义不言而喻，是她"内心的小孩"想抓伤害过她的"坏蛋",而这些"坏蛋"一般都是她的保姆或亲人。这些人当然不能抓,所以变成了想抓家以外的一切坏蛋。

3. 机器猫能满足小孩子主人的一切需要,而这个小孩子主人的妈妈是一个苛刻的妈妈,看不到也不尊重孩子的真实需要。

4. 小时候吃奶太少。

再看我自己,貌似以上这些情况都没有,这可能源自一个在我们的文化中说起来有点难为情的事情:我印象中一直吃奶到三四岁。

成熟意味着同时接纳好与坏

读本科时，有段时间，我对人际关系比较困惑，读了不少相关的书，它们差不多都谈到了一个原则：对事不对人。

这句话的意思是，在一个关系中，如果对方做错了一件事，你可以坦然地指出对方做错了这件事，但不要因为这件事而否定这个人。

听起来，这是多么简单的原则啊！然而，随着年龄的增长和对人性的了解越来越深，我越来越明白，这是很难做到的一点，太多的人会因为一件"坏事"的发生而全然地否定一个人。

并且，最难做到对事不对人的，是一些特别理想主义的人。你和他们相识的一开始，他们会对你特别好，只看到你的优点，还会把一些你本不具有的优点加在你身上，将你形容为天下少有地上无双，如白玉般无瑕。然而，一旦发现你的一个缺点，他们就会对你全盘否定，激烈地攻击你，仿佛你这个人立即变成了一无是处的家伙。

这种非黑即白的绝对是非分明的状态，其实是最幼稚的状态，是婴儿在 3 个月之前的状态。

同时容纳好与坏 = 成熟

我们习惯上认为，随着孩子年龄的增长，他的面子越来越重要，大人应给予尊重，而一个小孩子，什么都不懂，他的面子是不必太尊重的。

然而，现代心理学认为，一个孩子越小，我们越要耐心地呵护他，因为越小的时候遭遇的伤害越难修复。

按照现代客体关系理论，一个孩子在 1 岁前有两个发展阶段。

从出生到 3 个月大，这时的婴儿处于"偏执—分裂"状态。幼小的他无法处理妈妈既好又坏的事实，于是他使用了分裂的心理机制，将他心里的妈妈分成两个部分：绝对的"好妈妈"和绝对的"坏妈妈"。相应地，他也将自己分成两部分：绝对的"好我"和绝对的"坏我"。

从 4 个月大到 1 岁，这时的婴儿处于"抑郁"状态。他越来越明白，妈妈的身上同时具有好与坏的部分，而他自己也是既好又坏。这个发现会令他感到一些悲伤，但在这种悲伤中他有了一个巨大的进步——原来强烈的要么爱要么恨的单一情感被更丰富、更细腻的情感所替代，并因而具备了整合能力，能接受自己既好又坏的事实，也能接受妈妈既好又坏的事实，这是宽容的最初来源。

一个正常的妈妈，在大多数情况下，对自己的孩子而言是"好的"，能满足婴儿的需要，帮婴儿达成他的愿望。但在少数情形下，她对自己的孩子而言是"坏的"，会忽略婴儿，拒绝婴儿的亲近，阻挠婴儿的愿望实现，甚至会主动攻击婴儿。

完美的妈妈不存在，关键是"好的"部分要足够多，能做到这一点的妈妈便是"足够好的妈妈"，她能给予孩子"足够好的养育"。在生命最初的 3 个月得到了足够好的养育的婴儿，会顺利地从"偏执—分裂"状态发展到"抑郁"状态，从而具备最基本的宽容。

然而，假若婴儿在生命最初的这 3 个月没有得到"足够好的养育"，或者说妈妈做得不好的地方太多，那么这个孩子就会停留在"偏执—分裂"状态。他会一直使用分裂的心理机制，容易偏执地看待事物，要么将其视为理想的好，没有一点缺点，要么将其视为绝对的坏，没有一点优点。

这也是一些人特别怕鬼、特别怕黑的关键原因。

"好妈妈"会让婴儿感到快乐而温暖，并且令婴儿持有"别人爱我，是因为我好"的天然自恋。"好妈妈"还势必会令婴儿自信，因为他认为是他令妈妈爱自己的。"坏妈妈"则会令婴儿陷入一个两难境地：这时他想离开妈妈，但他做不到这一点，因为这意味着死亡。

分裂的心理机制可以帮婴儿一时脱离这个两难境地。使用分裂机制将妈妈分成"好妈妈"和"坏妈妈"后，婴儿会将"好妈妈"投射到妈妈身上，而将"坏妈妈"投射到鬼和黑暗上。于是，婴儿对妈妈反而更依赖，但对鬼和黑暗极其惧怕。由此，通过将对"坏妈妈"的负性情感转嫁到鬼和黑暗上，婴儿避免了和妈妈疏远的危险，可继续保持对妈妈的依赖。

如果妈妈变成了鬼……

当然，如果"坏妈妈"的部分实在太重，"好妈妈"的部分实在太轻，那么孩子很小就会表现出对妈妈的敌意来。

一个单亲家庭的小男孩强仔，在他约 1 岁刚学会走路时，就常"走丢"——他会趁妈妈不注意的时候连走带爬地远离，却总是被邻居发现，然后被他们送回到妈妈身边。上学后，这个孩子会很早就离开家，因为他总是绕很远的路去学校。放学时，他同样会绕很远的路回家，这样可以很晚回家。

他妈妈对此百思不得其解，因而来找心理医生。当被问到她是怎样对待孩子时，她的回答是，她每天都会频繁地骂他打他，有时还会把他绑在家里。

这个妈妈做得如此糟糕，以至于强仔都不必太使用分裂机制将"坏妈妈"投射到鬼上了，而是一有能力就不断地试图逃离妈妈。

除了把内心中的"坏妈妈"形象投射到鬼上，一个孩子还会将"坏我"投射到鬼上。一个人很怕鬼，往往意味着这种投射很强烈，也即他心中的"坏妈妈"和"坏我"的部分很多。

所有人的养育都不是完美的，所以每个人的内心都有分裂，所以大多数人都有怕黑和怕鬼的一面。不过，如果意识到自己究竟怕的是什么，这种惧怕就会减轻很多。

我的一个朋友 X，刚认识我的时候，一直极力向我强调，她的家多么团结，而她父母是何等完美，尤其是她的妈妈，实在是太理想了。不过，她特别怕黑、怕鬼、怕孤独。

随着时间的推移，尤其是在我介绍她去看了几个月的心理医生后，她开始直视她家庭的真相：父母不和，妈妈对她控制欲望太强，而且妈妈脾气很不好，她小时候常常被妈妈丢给邻居带……

做到了这一点后，有一天她忽然间想起，小时候，和妈妈睡在一张床上的时候，她会忍不住想：如果妈妈突然变成鬼了，那该多可怕。

想起这一点后，她对鬼的惧怕突然消失了大半。不仅如此，她还一下子明白了自己的另一个问题：她对高领的衣服过敏，尽管她的脖子很长，但一穿上高领的衣服，她就有强烈的焦虑感，有时还会有窒息感，就好像有什么力量在掐着她纤细的脖子。

现在，她明白，令她有窒息感的不是别人，而是有强烈控制欲望的妈妈。其实，和妈妈睡在一张床上时，有时她会幻想：妈妈忽然变成了鬼，过来掐她的脖子。

想起这种幻想后，她对高领衣服的过敏也消失了。

鬼故事是父母和儿童的成长需要

作为一个成年人，懂得怕鬼和窒息感的真实含义至关重要，因为只有懂得了这一点，他才能从这种惧怕中解脱出来。

但作为一个孩子，直面"坏妈妈"存在的真相就有很大的危险，因为这会导致和妈妈对立，从而令自己获得的爱更少。譬如强仔，妈妈为了管教他，对他的打骂越来越厉害。她之所以常常把强仔绑在椅子上，是因为强仔的努力逃离深深地刺伤了她。

由此，可以说，鬼故事是父母和儿童的共同需要。通过鬼故事，父母和儿童共同将"坏"的东西投射到鬼故事上，于是他们之间的分裂变弱了，这个最重要的关系得以保护。

童话故事也有同样的作用。例如白雪公主、灰姑娘等童话故事多有这样一些共同特征：亲母已经去世，但很少具体交代是怎么去世的；后母绝对邪恶；父亲懦弱无能，或在故事中一点重要性都没有……

这是处于"偏执—分裂"状态的婴儿的幻想世界：好的——亲生妈妈绝对好，坏的——后母绝对坏。并且，对于这一阶段的婴儿来讲，父亲的确是没有什么重要性的。

所以，童话故事对儿童的重要性并不是"教育"，而是通过这种绝对化的世界来转移他们内心的强烈冲突。鬼故事也不是根本不该存在的糟糕事物，其实也起到了保护母子关系的作用。

不过，随着孩子的年龄增长，绝对化的童话故事的魅力越来越弱，而更为复杂的童话故事开始更加吸引他们。譬如日本"动画之王"宫崎骏的《龙猫》《千与千寻》《猫的报恩》《风之谷》和《天空之城》等作品，就是比较复杂的童话故事。在《白雪公主》等绝对化的童话故事中，善良势必战胜邪恶，邪恶的后母一定会死去，但在《风之谷》这样比较复杂的童话故事中，出现了善与恶同时具备的人物。而在《千与千寻》的故事中，最善良的巫婆和最邪恶的巫婆原来是一对双胞胎，而且最邪恶的巫婆也有内心柔软的一面，最后她也不必死去。

这就是 4 个月到 1 岁大的健康婴儿的内心世界了，他们开始意识到，妈妈和自己身上都是兼备好与坏，"好妈妈"和"坏妈妈"原来是一个人。于是他们不会再幻想必须消灭"坏"，因为那一定意味着同时消灭"好"。他们开始懂得必须尊重"坏"的正常存在，因为允许"坏"的正常存在，"好"的东西才能得以保留。

尽管婴儿的抑郁状态会一直持续到 1 岁左右，但许多心理学家发现，最初 6 个月的母子关系的质量是具有决定性的，堪称一个人生命中最重要的 6 个月。如果这 6 个月的母子关系是足够好的，那么一个婴儿便会发展出基本的宽容和信任。有了这个基础，以后他起码会是一个善良的、有同情心的人，而没有这个基础，他就会一直在极端的"好"和极端的"坏"之间挣扎。

所以，越小的孩子，需要的爱和耐心越多，而不是相反。

她为什么会幻想自己住在黑石头里?

对于很多孩子来说,内心中"好妈妈"与"坏妈妈"的分裂会一直持续下去,并且会以看似很荒诞的方式表达出来。

今年 31 岁的茜茜对我说,在小学一年级到四年级期间,她经常做一个白日梦:她进入一个黑色的石头,里面是空的,像一个房间,有一张桌子和六七把椅子,有一扇小小的窗户,但没有灯光,也没有其他光线,非常黯淡,但她在里面却有家的感觉。

这个白日梦非常简单,但茜茜却说,假若没有这个白日梦,她认为自己会熬不过那几年。

茜茜是家里最小的孩子,上面有两个姐姐和一个哥哥。然而,在四个兄弟姐妹中,她却是最不受宠的。原来,妈妈在怀孕的时候,很想要个儿子,而且怀孕的迹象也让妈妈和爸爸以为这次是个儿子,等出生的时候才发现是个女儿,这令他们大失所望。

在这种情况下,坦然的父母会接受事实,比较执着的父母则会继续执着在自己的愿望上,因为他们想要儿子,便将女儿当儿子养。相比之下,茜茜是最惨的,她感觉,父母大失所望之下,一直忽视她的真实存在,就好像他们没有这个女儿一样。结果,他们给足了两个姐姐和一个哥哥爱,却对这个最小的女儿非常忽略。既然父母忽略她,她的姐姐和哥哥也一样忽略她,而且全家人都爱指使她做事。譬如,从小学起,生炉子、买菜、择菜、做饭和打扫卫生等家务便成了她的例行工作,而哥哥和姐姐都不需要做。一旦做不好，她还被爸妈打骂。

不仅如此，她的爸妈常对她开玩笑说："你是从垃圾桶里捡来的。"

对此，茜茜小时候一度信以为真。她真觉得，她不是爸妈亲生的，真是从垃圾桶里捡来的。她还去看了自己家附近的所有垃圾桶，试图弄明白，自己究竟是从哪个垃圾桶里捡来的。

"垃圾桶是什么颜色的？"我问她。

"好像是黑色的吧。"茜茜回忆说。

"这就是你白日梦中的黑石头了。"

听到这句话，茜茜泪如雨下，拼命点头。她说，既然父母不要她，哥哥和姐姐也不爱她，那么这个家根本不属于她，她想象自己应该还有一个家。垃圾桶又怎么了，那个孤独的垃圾桶，也比这个家更令她感觉温暖。

家，可以说是妈妈的进一步扩展。对茜茜来说，那个真实的家是一个"坏家"。这个事实令她陷入分裂，心中有了一个"好家"和"坏家"，"坏家"即真实的家，而"好家"则被投射给了垃圾桶。

一个真实的家，给一个孩子的温暖连一个垃圾桶都不如，那该是一种什么样的滋味儿？

这种分裂继续发展下去，给茜茜这种在糟糕家庭长大的孩子制造了许多麻烦。譬如，她会对"好家"无比渴望，一旦有男子爱她，她便很容易投入很多热情，将这种爱过分理想化。然而，一旦这个男子有令她不满的地方，她便很容易被唤起对"坏家"

的恐惧，于是对他变得过于挑剔，或者想逃避。

男孩分手的理由：美女也大便

这是对爱情过于理想化的人的通病。他说自己在追求一种完美的爱情，这其实就是在寻找一个"完美妈妈"。然而，过于渴求"完美妈妈"，那一定意味着他还在使用分裂心理机制，也即他心中还藏着一个比较绝对化的"坏妈妈"。于是，他既容易理想化，也容易变得很挑剔，理想化是将"完美妈妈"投射给对方。

读本科时，我通过心理热线接到一个男孩的电话。他说刚和一个美女分手，他很痛苦。

但怎么分手的呢？原来，两人去逛街，女孩说：等一等，我去趟卫生间。他等了一会儿，女孩迟迟不回来，他想到，女孩正在大便。这样的美女也要大便，他很受不了，转身就走了。

当时听到这个故事，我觉得实在是匪夷所思、不可理喻。但后来读到一本名为《弗洛伊德及其后继者》的书，看到了一个叫蕾切尔的女子的案例，于是一下子理解了这个男孩的内心冲突。

25岁的蕾切尔是一个女招待。她对心理医生说，自从记事以来，她脑海中就总是闪现两个意象：一朵美丽而柔弱的玫瑰花，一个用大便堆成的粪人。这两个意象总是同时出现，这时她既担心粪人会淹没玫瑰花，好像又渴望它们两个融合在一起。

类似的想象，极可能也常常闪现在那个男孩的脑海中。这两个意象分裂得太严重,男孩没有办法将它们整合在一起,对此极度焦虑。于是,当发现美女也要大便时,柔弱的玫瑰花和粪人一下子合二为一,这严重地刺激了他。

在自传《生命的不可思议》中,胡因梦讲到,李敖对她的特大号且有异味的排泄物耿耿于怀。如果这一点属实,那也反映了李敖的内心严重分裂。

过于偏执的理想化背后藏着的都是严重的分裂。

有很长一段时间,我们国家几乎所有英雄都是"高大全"式的,只有优点没有缺点,而所有的坏蛋都是坏到底,只有缺点没有优点。

当我们这样做时,可以说,我们都处于一种集体幼稚状态,认知水平只相当于不足 3 个月大的婴儿。

当然,每个家庭、每个人也存在着同样的问题。

解决之道:通过宽容整合"好"与"坏"

要化解这个问题,最好的办法是更新对婴儿的养育观,懂得越小的孩子越要细致地呵护这个最基本的问题,并起码保证在婴儿 6 个月前提供"足够好的养育"。

假若一个成年人内心中有了严重的分裂,总是持有非黑即白的观念,该如何改变这一点呢?

首先是要认识到自己内心的分裂。

例如 X,当她意识到怕鬼是怎么回事,她的惧怕就减轻大半了；当她意识到对高领衣服的过敏是怎么回事，这种过敏就可以基本消失了。

其次是接受。

意识到问题的本质后，X对妈妈会有强烈的愤怒。要接受这种愤怒，允许愤怒在心中升起，但不必将它宣泄在妈妈身上，这种宣泄没有价值。

最后则是宽容。

宽容既是对养育者的宽容，也是对自己的宽容。如果内心的妈妈是严重分裂的，那么，一个孩子的人格也是严重分裂的。这两者总是如影随形。

譬如X，意识到真相后，她先会有愤怒产生，这很正常。但当她去认识母亲的人生时，她发现，母亲已在力所能及的范围内给了她尽可能好的照料了。母亲没法给她更好的照料，这有时代的原因，还有一个更重要的原因——妈妈自己的童年也很不幸。发现这一层真相后，X原谅了妈妈。

原谅妈妈"坏"的部分后，她内心中的"好妈妈"和"坏妈妈"便出现了融合，她婴儿时没有完成的工作，终于可以在现在完成了。接受妈妈既有优点又有缺点的事实后，她与妈妈会相处得更加融洽。

再如蕾切尔，她的童年非常悲惨，她1岁时父亲去世，母亲不能照顾她，将她托付给养父母。养母患有精神分裂症，养父则是一个酒鬼。于是，养育者的糟糕养育被她内化为粪人的意象，而养育者的如游丝般脆弱的爱，则被她内化成柔弱的玫瑰花的意象。她要切实地意识到她的养育者很糟糕的事实，同时也要看到，她的养育者因为自身的不幸，没有能力给她更好的照料。这时，她就会实现"好的养育者"与"坏的养育者"的融合，粪人的意象或许就会发生改变。

不过，相比对养育者的宽容，更重要的是对自己的"坏我"的宽容，这是一个尤其难以实现的工作。

人善被人欺！为什么？

人善被人欺，马善被人骑。

这是一句众所周知的谚语，也是现实生活的真实写照，相信每个人在自己的生活中都可以看到大量的"人善被人欺"的现象。

为什么会这样呢？我们要不要因此再也不做善人？

"你是我的替代品。"

在广州电视台心理类节目《夜话》的录制现场，特邀嘉宾蔡敏敏对广州薇薇安心理医院的咨询师于东辉如是说。

21 岁的蔡敏敏是河南女孩。她曾在珠海做过五年保姆，受到了河南老乡雇主魏娟长时间、高密度的可怕虐待，并被严重毁容。

这一事件在 2005 年年底被媒体曝光后，魏娟已被绳之以法。蔡敏敏也得到了一些帮助，正准备在广州继续接受免费的整容手术，而她的容貌也比刚被发现时好多了。

不过，她的心理创伤并未得到安抚。她现在情绪不稳，晚上总做噩梦，梦见魏娟折磨她、羞辱她，且严重失眠，每天只能休息三四个小时。为此，她的家人和救助者联系了《夜话》，希望能让她得到心理救助。

在对蔡敏敏做了一些心理辅导后，于东辉使用了一个"角色互换"的技术：他让蔡敏敏扮演魏娟的角色，而他扮演蔡敏敏的角色，并让"魏娟"对"蔡敏敏"说话。结果，"魏娟"一开口便说出了本文一开始那句话。

这句话表明，魏娟是把蔡敏敏当成了她的替代品，或者说，将蔡敏敏当成了另一个"我"。从事实的角度看，魏娟是在虐待另一个人；但从心理上看，魏娟是在虐待自己的替代品，是魏娟的一个"我"在虐待另一个"我"。

我就这一事件写过两篇文章《施虐狂是怎样炼成的》和《她为何甘愿受虐五年》，分别分析了魏娟施虐和蔡敏敏受虐却不敢逃跑的心理。

在《施虐狂是怎样炼成的》一文中，我谈到，魏娟施虐时有一个非常特殊的细节：有时施暴后，她会哭着抚摩蔡敏敏的伤口，说自己多么喜欢她，对她多么好。

有人会认为这表明了魏娟的阴险，但在我看来，她这样做时很真诚，她其实是将蔡敏敏当作了自身的一部分。她心中有两个"我"：一个是"内在的暴虐的养育者"，一个是"内在的受虐的小女孩"。她折磨蔡敏敏，就是她的"内在的暴虐的养育者"在折磨"内在的受虐的小女孩"；她为蔡敏敏哭泣，就是她的"内在的受虐的小女孩"在哭泣。

名词解释：角色互换

心理咨询与治疗常用到的一个技术，即让来访者扮演另外一个人，而心理医生（或治疗室中的椅子等）扮演来访者自己，然后让来访者以那个人自居，并对"来访者"说话。

如果来访者进入了角色，他会进入一个常常令人匪夷所思的境地：真的以那个人自居，并说出那个人的真实想法。

来访者做到这一点后，心理医生会再带着他做回自己。这时，他就会很深地理解那个人为何那样对待自己，从而从另一个角度看他和那个人的关系的互动。

这个技术很简单，但如果进行得顺利，可以认为，来访者扮演另一个人的角色时，他的感受和表达，的确就是那个人所感受和所表达的。

譬如，我们可以假定，当蔡敏敏扮演魏娟的角色时，"魏娟"所说出的，的确就是真正的魏娟的真实感受和真实想法。

你像小孩，唤起了强人的痛苦

我们每个人心中都有很多"我"，它们组成了我们特定的内在关系模式，并且，我们会将这个内在关系模式投射到外部人际网络中。于是，我们有一个什么样的内心，就会有一个什么样的外部人际关系网络。

魏娟的内在关系模式中一个重要部分是"内在的虐待者"对"内在的受虐者"施虐，她将这个施虐与受虐的关系模式淋漓尽致地投射到了她与小保姆的外部关系上。她内在的这个关系模式有多病态，她对小保姆的折磨就多残酷，这是基本匹配的。

我们每个人都有一对"内在的父母"和一个"内在的小孩"，那么，我们是怎么把这个内在的关系模式投射到外部关系上的呢？

答案是，如果对方像自己"内在的小孩"，就将"内在的小孩"投射到对方身上，而自己以"内在的父母"自居；如果对方像自己"内在的父母"，就将"内在的父母"投射到对方身上，而自己以"内在的小孩"自居。

这是最基本的投射规律，由此，就引出了"人善被人欺"的结果。

真正的善良有一种强大的包容力，但更常见的善良是绵羊一般的软弱和顺从。假若你具备的是这样的善良，那么，别人很容易将他"内在的小孩"投射到你身上，而他以"内在的父母"

自居。

如果这个人的"内在的父母"和"内在的小孩"是羞辱与被羞辱的关系，那么，当他把"内在的小孩"投射到你身上时，就会忍不住羞辱你。

读书时，有个老师才华横溢，我很尊敬他。一次在校园里遇见他，我毕恭毕敬地站在路边，将主路让给他，对他说："老师，您好。"没想到，他不仅没做任何回应，反而头向旁边一扭，好像很蔑视我一样地走过去了。

这让我很受伤，也不禁怀疑，难道我做错了什么？

后来我发现，不仅我在他面前得到了这种待遇，大多数同学和他打招呼时都得到了相同的待遇。

显然，这个老师的内心世界有一些问题。当我毕恭毕敬地和他打招呼时，他对我表示了蔑视。那么可以推测，他忍不住和我建立一个蔑视与被蔑视的外部关系，是因为他的内在关系是蔑视与被蔑视，也即他的"内在的父母"与"内在的小孩"的关系是蔑视与被蔑视、抛弃与被抛弃。

他有这样一个内在的关系模式，而我向他毕恭毕敬地打招呼时，无疑就是自动把自己摆在了孩子一般的位置上。我是甘于以小孩自居，而将他当作了父母一样的权威。我尊敬他，是因为我的内在关系模式是"内在的小孩"尊敬"内在的父母"。

但我越是以小孩自居，他就越是忍不住要把他的"内在的小孩"投射到我身上。我越将他视为权威，他就越容易以"内在的父母"自居。既然他的"内在的父母"与"内在的小孩"是攻击、蔑视与抛弃的关系，那么他这个"父亲"就越容易攻击、蔑视和抛弃我这个"小孩"。

他的确是存在着一些问题，当我和其他学生以小孩自居时，就强烈唤醒了他的"内在的小孩"的受伤感，从而令他失控性地对我和其他学生表示蔑视。

假若我和其他学生不像对待权威一样，毕恭毕敬地对待他，而是平等地对待他，那么他的这种投射会弱很多。譬如，我的一个同学在和他打招呼时，他就会给予善意的回应。那个同学是怎么做的呢？

原来，相遇时他没有毕恭毕敬地站在路边，而是大大方方地站在主路上，生生地挡住了这个老师的前进方向，然后用比较平等的口吻和这个老师打招呼。

既然这个学生不像孩子一样，那么这个老师也就不容易将"内在的小孩"投射给他。并且，这个老师很希望做强者，而这个学生挡住了他的主路，他不会愿意绕路，因为绕路是弱者的行径，所以，他只好给这个学生善意的回应。

更重要的是，这个学生还获得了这个老师的特殊待遇，后来得到过他不少帮助。

这个老师为什么唯独对这个学生这么好？

弄明白了这个问题，就可以反过来明白，为什么魏娟对蔡敏敏这么恐怖。

反击继父，反而获得了尊重

亲子关系和普通的人际关系一样，如果大人向孩子施暴，在承受暴力的那一刻，无论大人有什么理由，孩子心中一定会有愤怒产生。

不过，因为太渴望获得养育者的亲近，也因为养育者的力量过于强大，孩子会惧怕失去爱，也惧怕遭到更严厉的惩罚，所以不敢表达愤怒。这种体验日积月累，会让这个人的"内在的小孩"充满窝囊感。

然而，这个"内在的小孩"是渴望反抗的，他会恼怒自己为何不敢反抗，为何这么窝囊。

于是，当这个人欺压弱者时，他一方面会希望欺压成功，可以将自己"内在的小孩"完美地投射到对方身上；另一方面也渴望弱者能够奋起反抗，假若弱者真反抗了，将他彻底打倒，这时欺压者反而会尊重弱者的反抗，甚至还会感激弱者这么做。

因为，弱者将扮演强者的他打翻在地，这就实现了他的"内在的小孩"的反抗愿望。

这个道理，是美国心理学家弗兰克·卡德勒用他自己的故事告诉我的。

弗兰克的父亲很暴力，他很小就失去了父亲，而继父更暴力。继父高大而强壮，常常喝醉，一旦醉了就什么借口都不找，直接揍弗兰克一顿。不醉的时候，继父一样可怕，多数时候，他不用说什么，只需要看一眼，就会让弗兰克发抖。

16 岁时，弗兰克忍不住和继父狠狠打了一架，结果改变了这一模式。

那年，继父和母亲一直在吵架，接连吵了快 3 个月。有一天，他们还打了起来。之后，继父出去喝酒了，回来时父子俩相遇。弗兰克盯着继父的眼睛问："你们到底还想闹多久？"

听了这句话，继父勃然大怒，他咆哮着掐住弗兰克的脖子。出于本能，弗兰克和体积是自己四倍的继父拼命打了起来。最后，继父被弗兰克打倒在地。在倒地的那一瞬间，弗兰克分明看到，继父的眼神迷茫而无助，他就像是一个很小很小的小男孩。

从此以后，继父和弗兰克的关系改变了，他开始尊重弗兰克。不过，弗兰克认为，这不是因为他的力量，因为继父仍然远比他强壮，继父之所以尊重他，是因为他替继父的"内在的小孩"实现了愿望。

原来，弗兰克继父的父亲一样是个"暴君"，而继父小时候就像弗兰克一样常常无故挨打，不敢反抗。这种经历让他有了一个"窝囊的内在小孩"，而他长大后就把这个内在的小孩投射给自己的儿子，而他扮演"内在的暴虐的父亲"，于是他一样常常没有道理地暴打弗兰克。弗兰克表现得越窝囊，他的投射就越成功，这就会鼓励他继续投射。但弗兰克终于反击了，不再做一个窝囊的小孩了，这时继父就难以再将"窝囊的内在小孩"投射给他。而且，因为弗兰克实现了继父的愿望——反抗暴力的父亲，所以继父开始尊重弗兰克了。

如果这个社会普遍的逻辑是谁欺负我，我反击谁，那么这个世界要美好很多。但不幸的是，在这个世界上更常见的逻辑是，强者欺压弱者，弱者欺压更弱者。

在家里温顺，在家外受伤

蔡敏敏说，她有一次忍不住想反击，她攥起了拳头，准备魏娟再打一下时，她就还击。然而，她担心自己受到更大的伤害，于是没有进行还击。

然而，她越扮演一个窝囊的、逆来顺受的小女孩形象，魏娟对她的投射就越厉害。魏娟多么恨自己的"窝囊的内在小女孩"，她就多么恼恨蔡敏敏的逆来顺受，当看到蔡敏敏比她小时候更顺从时，她对蔡敏敏的折磨就更厉害。

她看似恨蔡敏敏，其实是恨自己小时候的窝囊。当处在自己本来的角色时，蔡敏敏并不明白魏娟为何变态地折磨自己，但她一进入魏娟的角色，立即就明白了，魏娟是将她当成了一个"替代品"。

不同的家庭，对于温顺的看法不同。

大多数家庭，父母都渴望孩子听自己的话。在这些家庭中，一些家庭的父母要求孩子坚强而听话，而另一些家庭的父母则要求孩子温顺而听话。

在前一种家庭中，如果孩子表现得软弱，那么父母就会对他更苛刻。因此，尽管他内心深处很软弱、很受伤，他还是会表现得特别坚强，甚至将软弱从自己意识中彻底排挤出去，表现得绝对坚强。

在后一种家庭中，如果孩子表现得软弱，父母会对他很好，给他额外的奖赏。于是，在这种家庭中，软弱会成为一个好素质，聪明的孩子会刻意地表现得软弱。

在第二种家庭中长大的温顺的孩子，如果碰到在第一种家庭中长大的强人，就会死得很难看。

因为，第二种家庭鼓励的是温顺，你温顺，你就会得到好处。但第一种家庭鼓励的是铁血，你越铁血、越死硬，你受到的伤害就越少。在第二种家庭中长大的孩子，甘愿以"温顺的小孩"自居，而在第一种家庭中长大的孩子，则彻底不能接受自己软弱的一面，任何时候都以"内在的父母"自居，刻意地表现坚强。

然而，在第一种家庭中长大的孩子，越坚强，其实就越软弱。他们的坚强，是强迫自己做出来的，其内心深处的受伤感和软弱感并没有消除，他们只是将这些东西压抑到了潜意识中而已。但这种感觉是时常会浮现出来的，这时他们就会非常难受，于是会特别渴望找一个弱者，然后将内心的脆弱投射到这个弱者身上。

如果你在一个关系中是一个弱者，而且正好在第二种家庭中长大，你会习惯地认为，如果一个强者攻击你，你表现得软弱一些，对方就会收手，甚至会保护你，就像你家中的大人一样。你这么想，是大错特错的，因为这个变态的强者是渴望你软弱的，那样才好对你实施攻击，当他们看到你软弱时，会忍不住地更恨你，从而对你的攻击会越加强烈。

这是一个恶性循环。他越攻击你，你越想示弱；你越示弱，他的攻击性就越强……

这可能正是魏娟的攻击不断升级的根本原因。

在和蔡敏敏的妈妈对话时，她不断地说，她和丈夫一再要求女儿听话，因为她和丈夫不会害她，女儿越听话，他们就越爱她，而她就越安全。于是，听话就是蔡敏敏下意识里获得保护的方式。但在魏娟这里，就完全不是这么回事，她更迫切地希望蔡敏敏听话，但蔡敏敏越听话，她就会越恨蔡敏敏，对蔡敏敏的攻击欲望就越强烈。

蔡敏敏在自己家庭里学会的获得爱与保护的方式，到了另一个家庭反而成了她受到伤害的原因。

在反思这件事时，蔡敏敏的叔叔说，他们错了，不该总是教蔡敏敏听话，因为在自己家里，听话会获得好处，但在家外面，未必如此。

的确如此，在这个世界上，有些人在心理上可能是大有问题的，有些人像魏娟一样，既希望你顺从，又恨你顺从。

故事是追寻
现实的载体

✳

誓死的忠诚可能是爱的炮灰

  对于总是在奉献的羔羊，我们会有意无意地推动它走向
这样一个结局：彻底为自己献身。否则，便只有我们为它献
身，因为它此前的奉献是如此之重，我们已无法承担。

  所以，在小说、电影和电视中，我们常看到这样的局
面——勇于献身者，最后的结局常是彻底献身。

在我看来，第一流的小说必须具备一个特质：情感的真实。

具备这一特质后，一部小说的情节不管多曲折、奇幻，甚至
荒诞，读起来都不会有堵塞感。

因而，钱钟书的《围城》未被我列入第一流的小说，因为小
说中一些关键情节的推进缺乏情感的真实。譬如"局部的真理"
（小说中一位女性人物）勾引方鸿渐、唐晓芙爱上方鸿渐和方鸿

渐爱上孙柔嘉，这几个情节中的情感描绘都缺乏真实感，让我觉得相当突兀。

相比之下，美籍阿富汗人卡勒德·胡赛尼的《追风筝的人》就具备"情感的真实"这一特质。

这部小说讲的是两个阿富汗少年的故事，阿米尔是少爷，而小他1岁、天生便是兔唇的哈桑是仆人。他们都失去了妈妈，阿米尔的妈妈在生阿米尔时死于难产，哈桑的妈妈则在哈桑出生几天后跟一群江湖艺人私奔了。这两个男孩吃一个奶妈的奶长大，拥有似乎牢不可破的情谊。然而，当哈桑为捍卫阿米尔的荣誉被人凌辱时，阿米尔却选择了逃避。不仅如此，阿米尔还设计将哈桑驱逐出自己的家门。后来，已移居美国并成为知名小说家的阿米尔接到一个电话，电话那边是阿米尔父亲的好友拉辛汗。他说哈桑已死，他要阿米尔回阿富汗将哈桑的儿子索拉博从战乱中的阿富汗带出来，不仅是因为他以前辜负了哈桑，还因为哈桑是阿米尔同父异母的弟弟……

在胡赛尼的这部小说中，高潮一个接一个，但不管情节多么令人震惊，它们似乎都是可信的，因为伴随着的细致的心理描写会令你感觉到这一切的发生仿佛都是必然。

例如，小说末尾的一个高潮——11岁的索拉博的自杀。这看似离奇，但假若你沉到索拉博的世界里，站在他的角度，想象你便是他，你便会明白，自杀是这个遭受了太多磨难的小男孩再自然不过的选择。

忠诚的爱——你就要甘愿做我的炮灰

决定为《追风筝的人》写一篇书评前，我在豆瓣网上读了大量书评，看到了大多数书评都在赞誉哈桑的单纯、忠诚、纯良和正直。

或许，许多人会感动于小说第一页的一句话——哈桑从未拒绝我任何事情。

听上去，这是多么忠诚的爱。

然而，当我读到这句话时，却痛苦起来。我讨厌这个句子，以及这个句子中对哈桑这种情感的赞誉。

因为，这让我想起最近常在我脑海里盘旋的一个词——爱的炮灰。有时，我们会甘愿做一个人的炮灰，觉得那样才有爱一个人的感觉；有时，我们会要求别人做自己的炮灰，以此来证明这个人的确爱自己。

当阿米尔抑或作者在怀念"哈桑从未拒绝我任何事情"时，其实就是在渴望哈桑做自己的炮灰。

阿米尔少年时的确有这样的渴望，他和哈桑有过以下一段对话：

> "我（哈桑）宁愿吃泥巴也不骗你。"
>
> "真的吗？你会那样做？"
>
> "做什么？"
>
> "如果我让你吃泥巴，你会吃吗？"

"如果你要求，我会的。不过我怀疑，你是否会让我这么做。你会吗，阿米尔少爷？"

哈桑的反问令阿米尔尴尬，他宁愿自己没有质疑哈桑的忠诚。然而，哈桑不久后还是做了炮灰。

那是阿米尔12岁哈桑11岁时，他们参加喀布尔的风筝大赛。这个大赛比的不是谁的风筝飞得更高、更漂亮，而是比谁的风筝能摧毁别人的风筝，最后的唯一幸存者便是胜利者。但这不是最大的荣耀，最大的荣耀是追到最后一个被割断的风筝。

这一次，阿米尔的风筝是最后的幸存者，而哈桑也追到了最后一个被割断的蓝风筝。阿米尔无比渴望得到这个风筝，因为他最大的愿望是得到父亲的爱，他认为这个蓝风筝是他打开父亲心扉的一把钥匙。

哈桑知道阿米尔的愿望，为了捍卫这个蓝风筝，他付出了惨重的代价——被也想得到这个蓝风筝的坏小子阿塞夫和他的党羽鸡奸，这是阿富汗男人最大的羞辱。当时，阿米尔就躲在旁边观看，孱弱的他没胆量阻止阿塞夫的暴行，也不愿跳出来让哈桑把那个蓝风筝让给阿塞夫。

于是，哈桑就沦为阿米尔的炮灰，他付出了鲜血、创伤和荣誉，而换取的只是阿米尔与爸爸亲近的愿望得以实现。

阿米尔明白自己的心理，他知道胆量是一个问题，但更大的问题是，他的确在想：

"为了赢回爸爸，也许哈桑是必须付出的代价，是我必须宰割的羔羊。"

"哈桑知道，阿米尔看到了他被凌辱而未伸出援手，但他还是选择一如既往地为阿米尔奉献他自己。"

所以，当阿米尔栽赃哈桑，造成哈桑偷了他财物的假象时，哈桑捍卫了阿米尔的荣誉，对阿米尔的爸爸说，这是他干的。

他生命的最后一刻仍是在做阿米尔的炮灰。当时，他被拉辛汗叫回来一起照料阿米尔的豪宅，但塔利班官员看中了这栋豪宅，并要哈桑搬出去。哈桑极力反对，结果他和妻子被塔利班枪杀。

做阿米尔的炮灰，这主要还是哈桑自己的选择。

对此，我的理解是，我们爱一个人，多是爱自己在这个人身上的付出。自己在这个人身上的付出越多，我们对这个人就越在乎，最终会达到这样一个境界——"我甘愿为他去死"。

或许，喜爱《追风筝的人》的一些读者会对我这种分析感到愤怒，觉得我并不理解这样一种伟大的情感。但通过哈桑的儿子索拉博的言语，我们会看到，导致这种奉献的一个重要原因，是深深的恐惧。

他为什么甘愿去做炮灰?

知道了哈桑是自己的弟弟后，阿米尔去了喀布尔，从已成为塔利班官员的阿塞夫手中将索拉博带回了巴基斯坦，而代价是险些被阿塞夫打死，如若不是索拉博用弹弓将阿塞夫打成独眼龙的话。

在巴基斯坦，阿米尔求索拉博跟他一起去美国。索拉博一开始没答应，并说出了他的担忧："要是你厌倦我怎么办？要是你妻子不喜欢我怎么办？"除了阿米尔，幼小的索拉博已没有其他亲人，这时，他作为一个孩子产生这样的担忧不难理解。

不过，在我看来，这更像是索拉博在替父亲说出他的心声。原来，哈桑之所以会做炮灰，为了阿米尔的一个蓝风筝而被凌辱，为了阿米尔的豪宅而和妻子一起被枪杀，其中一个主要原因是他担心阿米尔会厌倦自己，会不喜欢自己。

这就很像一些家庭，那些最不受宠的孩子，反而常是最"孝顺"的孩子。他们在成年后为了得到父母的欢心会不惜付出一切代价，以至于严重忽略自己的配偶和孩子的幸福。

绝大多数孩子学会说的第一个词是"妈妈"，而哈桑说出的第一个词却是"阿米尔"。我对这个细节的直观理解是，哈桑将阿米尔视为最亲近的人，象征性的理解则是，阿米尔是哈桑的"心理妈妈"。

所有的孩子都渴望获得"心理妈妈"的爱，为了达到这一点，他们不惜付出任何代价。

哈桑不例外，阿米尔也不例外。阿米尔说出的第一个词是"爸爸"，那么爸爸就是他的"心理妈妈"，为了获得他的爱，阿米尔可以付出一切代价，并最终不惜将哈桑牺牲。

阿米尔渴望哈桑做他的炮灰，哈桑则主动愿意做阿米尔的炮灰。

然而，任何一个人都不值得另一个人为他做炮灰。

因为，奉献者的生命重量会压得接受奉献者喘不过气来，后者会发现，除非他给予同等分量或更多的回报，否则他心中总会有歉疚。

或许，亏欠感是我们最不愿意有的一种心理，而如何处理亏欠感便成了左右我们人生道路的一个关键。

哈桑是阿米尔的爸爸和仆人阿里——其实他和阿米尔的爸爸也是自幼一起长大，也是情同手足——的妻子偷情而来的私生子。阿米尔的爸爸无法公开承认哈桑是自己的儿子，这令他心怀歉疚。为了弥补这种歉疚，他的办法是用他的财富和力量慷慨补偿所有需要帮助的人。

对此，拉辛汗形容说："当恶行导致善行，那就是真正的获救。"

这是少数人处理歉疚的办法，尽管这不是最好的办法，但这仍然称得上是勇者的道路，而更多人的办法是选择阿米尔的道路——贬低或逃避自己亏欠的人。

当躲着看哈桑被阿塞夫凌辱时，阿米尔一时成了"种族主义者"。他先是觉得为了得到蓝风筝赢取父亲的爱，牺牲哈桑是必要的；接下来，当心中出现一刹那的犹豫时，他对自己说："他只是个哈扎拉人（阿米尔是普什图人，很多普什图人对哈扎拉人有歧视）。"这就是贬低。通过贬低奉献者的生命价值，以降低接受奉献者的奉献的愧疚感。

这种贬低心理是很常见的，我们既可以在文艺作品中，也可以在自己生活中发现这样的故事：那些只付出不索取的人，很少会得到接受他们帮助的人的尊敬，甚至一些人对恩人的仇恨胜于对其他所有人的仇恨。

有些人的愧疚感会彻底丧失，于是所有人均被他们贬低为炮灰。阿塞夫便是这样的人，他没有底线地凌辱一切弱者，因为他的世界里只有他一个人是人，其他人都不存在。

阿米尔知道，自己身上有阿塞夫的影子，所以他梦见阿塞夫对他说："你和哈桑吃一个人的奶长大，但你和我是兄弟。"

不过，阿米尔毕竟不是阿塞夫，他无法逃脱愧疚感的折磨，这种愧疚感表明他仍然是一个有良心的人。

"我向来只为一个读者写作：我自己"

可惜，除了贬低外，阿米尔还选择了逃避。因无法面对哈桑，他栽赃哈桑偷了他的钱财和手表，而终于导致哈桑离开他的家。

但他越贬低、越逃避，他的歉疚感就越重，因为这歉疚感不在别处，恰恰在他心中。

所以，他最后又回到喀布尔，要将哈桑的儿子索拉博救出阿富汗。

所以，当阿塞夫将他打得死去活来时，他哈哈大笑。

这是因为，他认为自己是罪人，因而渴望被惩罚。他曾渴望被哈桑惩罚，但哈桑只会继续付出，而不会表达愤怒。他终于在阿塞夫这里得到了他渴望已久的惩罚。于是，当肋骨一根接一根被阿塞夫打断时，当上唇被打裂，其位置和哈桑的兔唇一样时，他心里畅快至极，并感慨："我体无完肤，但心病已愈。终于痊愈了，我大笑。"

回到巴基斯坦后，阿米尔终于令索拉博放下疑虑，答应和他去美国，而阿米尔说"我保证"。

但是，发现困难重重后，阿米尔一时忘记了"我保证"这句话，想劝索拉博留在巴基斯坦的孤儿院一段时间。这时他忘了，进入孤儿院后的那段时间是索拉博最不堪回首的日子。

于是，不愿意再陷入噩梦的索拉博选择了自杀。此后，尽管被救了回来，他却陷入了奇特的自闭状态。

命运先使得阿里成为阿米尔父亲的炮灰，命运又使得哈桑成了阿米尔的炮灰，这双重的罪恶加在一起，使得阿米尔终于得到报应。内疚是他的报应，被阿塞夫打成兔唇是他的报应，他的妻子身体没有任何问题却无法怀孕也是报应。

现在，作为轮回的一部分，阿米尔必须去做索拉博的炮灰。他必须以哈桑对待他的态度对待索拉博，才可能使得索拉博一点点地走出自闭，那时才意味着阿米尔的终极获救。

胡赛尼的这部小说对情感的描绘如此深刻而真切，令我不由得怀疑，这是一部自传。

这部小说的情感之真实，在读过的小说中，我感觉只有村上春树的《挪威的森林》和玛格丽特·杜拉斯的《情人》可以媲美。而《情人》则是一部不折不扣的自传小说，《挪威的森林》

则被人怀疑是村上春树的真实经历。

不过，我将《追风筝的人》列为第一流的小说，不仅仅是因为它具备"情感的真实"，也是因为这部小说的构思非常巧妙。

前面提到，这部小说的高潮一个接一个，不断冲击读者的心灵。但用心的读者会发现，每一个高潮出现之前，作者都已经用隐喻和暗示的手法，预示了这些高潮的出现。

并且，除了出神入化的心理刻画，小说的情境描写也别具一格，既给人身临其境的感觉，又具有鲜明的个人化。仔细阅读的时候，你可以感到作者好像一直是在以阿米尔的视角看待这个世界。

此外，胡赛尼的笔触既细腻，又有洞晓人性后产生的沉浑有力感。

令人惊讶的是，这是胡赛尼的处女作。出版的第一部小说便如此优秀，胡赛尼是如何做到这一点的？

除了可能是自传的特殊原因，在自序中，胡赛尼的一句话还给出了另一个答案——"我向来只为一个读者写作：我自己"。

据我所知，这是第一流的小说家、导演和艺术家的共同特点。譬如，日本动画之王宫崎骏便说过类似的话——

"我从来不考虑观众。"

天才为什么自甘堕落？

麻省理工学院（MIT）的蓝勃教授是数学界大名鼎鼎的人物，他获得过被誉为"数学界的诺贝尔奖"的菲尔兹奖。他给上他课的大学生们留了一道难题，题目写在了楼道的黑板上，并称，希望学期结束前有人能解出来。

"希望学期结束前有人能解出来"，蓝勃教授这句话的真实意思其实是"我不相信你们当中谁能给出答案"。毕竟，作为数学界的顶尖人物，他当年是花了很长时间才找到答案的。

但是，没两天，黑板上就出现了答案。有意思的是，这个人并不愿露面，尽管露面可以享受难得的荣誉。

蓝勃教授再下战书，留了第二道难题。这道难题，他和伙伴花了整整两年才解开。

同样，没两天，那个"神秘数学天才"再次给出答案。

这次，蓝勃教授看到了"神秘数学天才"的身影，发现他竟然是 MIT 这所顶尖学府这栋大楼里的一位清洁工，但这位清洁工并不想被发现，他一边辱骂教授一边跑了。

这是著名心理影片《心灵捕手》（又译《骄阳似我》）一开始的情节。看到这个情节，我脑子里冒出一句话：世界是分裂的。MIT 的光辉，竟被一个落魄的清洁工彻底盖住了。

你是一个被吓傻的狂妄孩子

外部世界的分裂，势必源自内心的分裂。这个落魄的男孩，其实只是在工作之外的少数业余时间做一下解数学难题和读书这种"正确的事"，而多数业余时间，他是和几个问题青年一起打架斗殴、偷盗乃至袭警等。其中，他最拿手的是去 MIT 或哈佛大学"3 分钟摆平一个笨蛋"。

这个内心分裂的男孩叫威尔。当蓝勃找到威尔时，威尔已因打架斗殴和袭警被关进监狱。蓝勃申请作为威尔的监护人将他保释，但保释的条件有两个：第一，威尔要与蓝勃配合解数学难题；第二，威尔要看心理医生。

威尔不想看心理医生，但更不想蹲监狱。两害寻其轻，他不得已答应了做病人。

但是，作为天才的病人，威尔接连赶跑五名心理医生。最终，蓝勃找来了大学同窗、现在的心理学教授西恩为威尔做治疗。

同样地，在第一次会面中，威尔也刺痛了西恩。他通过对西恩的一幅画作的观察，看出了西恩当时的心态。西恩的画作是一个在波浪滔天的大海中独自划船的人。对此，威尔看出了两个内容。他对西恩说，也许他正在暴风雨中，剧烈的暴风雨中，还有他娶错女人了。

西恩被激怒了，他警告威尔，不要侮辱他已死去的太太。而当威尔再次说"你娶错女人了"并自以为是地推测个中原因时，西恩暴怒。他冲上去掐住威尔的脖子并威胁说："再侮辱我的夫人，我就宰了你。"

威尔震惊了。以前，他戏弄那些心理医生时，他们会先是惊惶，接着是掩饰自己的愤怒，而后是拒绝继续给他做治疗。但西恩不一样，他也被刺痛了，但他直接表达了愤怒。更不一样的是，这个被刺痛、被激怒的男人，答应继续给他做治疗。

在心理治疗中，或者在一切亲密关系中，这都是很关键的一点。

我们每个人都有一套固定的逻辑。我们认为，自己的某些特质是"好我"，这些特质可以让我们维持并促进某个关系的发展；而我们的某些特质是"坏我"，这些特质会导致一个关系的疏远甚至结束。

因此，当我们想与一个人亲近时，就会表现出"好我"，并刻意压制"坏我"；而当我们想与一个人疏远时，就会表现出"坏我"，而不再表现"好我"。

譬如，一个依赖者，当想与一个人亲近时，他会表现得非常依赖，有时就是所谓的"可爱"。相反，一个支配者，当想与一个人亲近时，就会表现出非常有能力的一面。

这时，如果那个人中招了，真的在我们表现"好我"时与我们亲近，并在我们表现出"坏我"时结束与我们的关系，那就意味着，我们的逻辑再一次得到了强化。

这是导致我们心理问题的根本所在。例如，依赖者总会发现，别人之所以不接纳他，好像总是因为他还不够依赖；支配者则会发现，别人之所以不接纳他，好像总是因为他还不够有力量。所以，每当遇到一个危机事件，我们都会进一步强化自己的逻辑，这导致我们越来越僵化。

假若治疗能发挥作用的话，关键点就在于，心理医生帮助来访者明白，他可以不必对那个逻辑那么执着。也就是说，他的"好我"并不一定会促进关系，而他的"坏我"也并不一定会疏远关系。

威尔的逻辑，其实就是，"天才"是坏我，"平庸"是好我。他其实认为，天才并不能换来关系中的亲密，而平庸倒可以做到这一点。当他展现天才时，多数时候都导致关系的疏远乃至结束一个关系。因而我们看到，他的聪明都用到了刺激心理医生、"3分钟摆平一个笨蛋"等事情上。

也可以说，他其实讨厌他的天才，他不愿意别人因为他是天才而接纳他，他更愿意别人仅仅因为他这个人而接纳他。

那五名心理医生都中了威尔的招，威尔用坏的方式表达他的天才时，他们都中断了和他的关系。但西恩不同，看起来，他也中了威尔的招数，一样被刺痛，甚至更痛。但他这时不是中断与威尔的关系，而是选择了真诚袒露自己的心声。

当西恩这样做时，威尔的世界已经是在被颠覆了。威尔第一次发现，原来真诚地表达愤怒，并不意味着关系的结束。

在第二次会面中，威尔的世界进一步被颠覆。西恩先是承认，威尔的确刺痛了他，令他彻夜难眠，但在这种痛苦中，西恩想明白了很多。

尽管总是将聪明用在攻击上，但威尔还是以自己的聪明自豪。但是，西恩对他说："看到你，我没有看到聪明自信，我看到的是一个被吓傻的狂妄孩子。"

这句话的意思是，西恩明白，威尔狂妄的聪明自信，不过是对痛苦的防御罢了。这种防御是一堵墙，令威尔只敢与书本建立关系，而不敢与世界建立真实的关系。而在说这段话之前，西恩还说了一段震撼人心的话语：

> 你只是个孩子，你根本不晓得你在说什么。……
>
> 所以问你艺术，你可能会提出艺术书籍中的粗浅论调。有关米开朗琪罗，你知道很多，他的政治抱负，他和教皇，性倾向，所有作品，对吗？但你知道西斯廷教堂的气味吗？你从没站在那儿，仰望那美丽的天花板吧？我看过。
>
> 如果我问关于女人的事，你八成会说出个人偏好的谬论。你可能上过几次床，但你没法说出在女人身旁醒来时，那份内心真正的喜悦。

你年轻彪悍，我如果和你谈论战争，你也许会向我大抛莎士比亚的话，背诵"共赴战场，亲爱的朋友"，但你从未亲历战争，未试过把挚友的头抱在膝盖上，看着他吐出最后一口气向你呼救。

我问你何为爱情，你可能会引述十四行诗，但你从没看过女人的脆弱，她能以双眼击倒你。她让你感觉上帝让天使为你下凡，她能从地狱救出你。你不了解当她天使的滋味，拥有对她的爱，直到永远。经历这一切，经历癌症。你无法体会在医院躺两个月，握住她的纤纤小手的那种感觉，因为医生一看到你就知道，会客时间的规定对你无效。你不了解真正的失去，因为唯有爱别人胜于爱自己才能体会。……

西恩继续说："我不能靠任何书籍来认识你，除非你想谈自己，谈真正的你，那我就着迷了，我愿意加入，但你不想那么做，对吗？你怕你会被说出来的话吓到。"

说完这番话后，西恩撂下了一句话："现在该你说了，孩子。"这句话的意思是，我愿意真诚地面对你，但你是否做好了真诚面对我的准备？

西恩的这番话也刺痛了威尔，或者说，令威尔感到震撼。第一次有"正确的人"对他如此坦诚相待，而他以前对付这些人的招数好像也都不再发挥作用。那么，自己愿意冒一次险吗？真的对一个心理医生袒露心声？

最终，威尔选择了继续。

不完美才是好东西

选择继续是一个意愿，意味着威尔愿意尝试改变，但从这个初步的意愿到袒露心声是需要时间的，所以，在接下来的两次治疗中，威尔长时间地陷入沉默。

威尔沉默时，西恩一样沉默着。他绝不先开口，而是等待威尔开口。

这种沉默有两种意思：第一，他在告诉威尔，你有沉默的权利；第二，威尔要自己决定是否袒露心声，而不是由心理医生来诱惑或施加压力让威尔袒露心声。

终于，在玩了很长时间的"瞪眼游戏"后，威尔主动开口讲话了。这意味着，治疗正式开始了。

治疗正式开始后的第一个话题是爱情。西恩问威尔："在恋爱吗？"威尔回答说是，但他有点不敢进行下去。

"为什么？"西恩问。威尔回答说："现在她很完美，我不想破坏。"

对此，西恩说："或许是你认为自己完美，你不想破坏……这是极好的哲学，可以一辈子不认识人。"

这是无数人在恋爱时会犹疑的原因。看起来，我们是认为对方太完美了，所以不敢接近或不敢破坏这个幻想，但其实是我们惧怕自己的不完美被对方看到。

在《成熟意味着同时接纳好与坏》那篇文章里，我提到一个男孩不能忍受美女大便的事实而和女朋友分手的故事。这个故事中隐含着的道理是，美女的"美"和帅哥的"帅"是"好我"，他们之所以能被别人接纳，是因为相貌上的"好我"，而一旦有"丑"的"坏我"出现，他们就得不到关系中的爱与认可了。所以，这个男孩转身而去，看起来是不能接纳美女也大便的事实，但其实是不能接纳自己也有丑的时候。

怎么在治疗中让来访者放下对这个逻辑的执着呢？心理医生可以戳穿来访者这个逻辑背后的把戏，但只这样做的话，就太生硬了。

于是，西恩在不动声色地戳穿威尔的把戏后，讲了自己的一个故事。他说，他的太太放起屁来超厉害。一次，他被太太的屁惊醒了；接着，他家的狗叫了起来；最后，太太自己也被弄醒了，问他，是不是他在放屁。西恩说是。

西恩讲这个故事时，忍不住狂笑起来，而威尔也忍不住大笑起来。故事讲完后，西恩解释说，真实就是美，"不完美才是好东西，它可以选择谁进入我的世界……你的女生也不完美，关键是，你们是否合适"。

这次咨询结束后，威尔立即去见他钟爱的女孩——哈佛大学的史凯兰去了。

爱到最深处，常意味着最大的危机

威尔和史凯兰，是在哈佛大学的一个酒吧认识的。当时，威尔与他的三个死党——他们都没有机会读大学——去这个酒吧，一方面是为了"泡妞",另一方面是继续威尔最擅长的游戏——"3分钟摆平一个笨蛋",而且是全球最知名大学的"笨蛋"。

这两方面威尔都得逞了。威尔最铁的哥们儿查克冒充历史系学生和美女史凯兰搭讪,但哈佛大学的学生克拉克看出查克是冒牌货,于是过来考查克历史学知识,但却被救驾的威尔给羞辱了。

威尔不仅羞辱了以哈佛大学生自傲的克拉克,也赢得了史凯兰的好感,两人第一次擦出了火花。

恋爱关系,是比治疗关系更为深层的关系。既然威尔不敢与心理医生建立关系,那么他更没有勇气去和自己所爱的女孩建立真正的关系。或者说,这是更为艰难的挑战。

在西恩的启发下,威尔终于鼓足勇气去见史凯兰了,并且两人的关系一直发展得好像很顺利。

但是,危机一直存在。敏锐的观众会发现,威尔一直不相信史凯兰爱自己。史凯兰的很多话,他都解释为,史凯兰并不是真心爱他。

譬如,史凯兰对他说:"有机化学对你这种人没用。"威尔立即问,他"这种人"是什么人。

再如,他几次对史凯兰暗示,他怀疑自己只是史凯兰的一个玩具,一个过渡性男朋友。他的天才、贫穷和传奇会给史凯兰的生命添加一些色彩,但史凯兰作为一个富家女,早晚会抛弃他,而最终还是会嫁给一个成功人士。

最后,当他们的爱情抵达第一个最高潮时,也迅速跌落到了最低潮。

史凯兰从哈佛大学毕业后，要去斯坦福大学医学院继续进修，所以希望威尔和她一起去加利福尼亚州。但威尔拒绝了，他认为，如果到时史凯兰发现他的缺点怎么办？那时她就会受不了他而抛弃他。

这伤害了史凯兰，她说："如果你不爱我就该告诉我，你如果不爱我，我会消失，不会再出现在你的世界里。"

听了史凯兰这番话，威尔立即说："我不爱你。"

听到这句话，13岁时失去双亲的史凯兰再一次痛得弯下了腰，而威尔也走了。

每个人都在坚持自己的逻辑，每个人都在用自己的逻辑看对方。结果，越爱时就越孤独，因为越爱时就越坚持自己的逻辑，而这时就看不到对方的存在了。

对史凯兰而言，她是个"好女孩"，而"好女孩"的逻辑是不能给别人带来麻烦，所以她说："如果你不爱我就告诉我，我会主动消失。"但对威尔而言，史凯兰这句话会让他进一步相信，她并不爱他，她好像在寻找一个让自己主动离开的借口。

史凯兰认为，希望威尔跟自己去加州，证明她爱他。但在威尔的世界里，这种搬迁是最可怕的事情。他先是被父母抛弃，后来四次被送人寄养，其中三次被严重虐待，所以，他内心深处认为，换一个家是最可怕的事情。

于是，在第一次爱到最深处的时候，他们也遭遇了最严重的危机。这是他们各自坚守自己逻辑的结果，当然，主要是威尔坚守自己逻辑的结果。

不敢改变的直接心结是友谊

其实，这时不只是爱情到了第一个高潮，他的治疗也到了一个高潮，威尔和西恩已建立了很深的信任。同时，威尔的事业也貌似将进入一个高潮，蓝勃教授正接二连三地给他介绍待遇优厚的工作……

但是，对威尔而言，这是一种颠覆，他会恐惧。

因为，他在恶劣的生存环境中长大，这让他对自己的逻辑无比执着。这也是每个人的共同点。

我们每个人都深信自己的逻辑。假若一个女子说，男人都不是好东西。那么，她亲近的男子一定都不是好东西。因为，她会爱上"男人都不是好东西"这个断言，如若她遇到一个"好男人"，她的世界就会有颠覆的危险，她的内心就会有失控的感觉。于是，为了避免这种失控感，她要么远离好男人，要么会把好男人变成坏男人。

对威尔而言，他的一个断言是"我只是一个玩具"。他的聪明可以给别人的生活带来些乐子，但只要他出现一些"坏我"，一个亲密关系会立即结束，对方会毫不犹豫地抛弃他。他过去的人生经验一再证明了这一点。

所以，当治疗、爱情和事业都抵达一个高潮时，他内心的斗争也就出现了一个最严重的危机：是固守自己已有的逻辑，还是冒险接纳新的逻辑？

不幸的是，绝大多数时候，我们都会坚持自己固有的逻辑。于是，人生就只是一个轮回。

有意思的是，化解这个危机的是他的死党查克，这也是影片感人至深的一个情节。在建筑工地上休息时，威尔说，他觉得整天这样做体力活也不错，他希望他们的孩子将来能在一起玩耍和生活。

没料到，查克却对他说："如果我们50岁时，你还和我在一起，我会杀死你。"

这令威尔非常震惊，也许比面对西恩时还要震惊，因为他觉得，他和查克是如此好的朋友，他们在一起的时光是他们都很享受的。

但查克告诉他，他每天最幸福的时候只有10秒，就是每天他去威尔家接他出来时。每次，他都想象，这次见不到威尔了，那意味着威尔到了能施展他才华的地方。然而，每次他都能见到威尔开门，这种幸福感便消失了。

这是非常非常重要的一环。看上去，我们每个人都限制了自己，都生活在各种各样的痛苦中。但是，我们之所以陷在这种痛苦中而不能自拔，是因为这种表面上的痛苦其实有着极大的好处。我们之所以离不开痛苦，是因为舍不得这种好处。

威尔之所以自甘堕落，浪费才华，无比重要的原因是，他通过这样的方式赢得了友谊，而他和查克等三名死党的友谊，是他多年以来在这个世界上仅有的支持。

关系就是一切，一切都是为了关系。我们常讲自我价值感，其实我们追求的并不是孤独的价值感，而是关系中的价值感。

在《心灵捕手》这部影片中，爱情是迷人的，心理治疗的过程更迷人，但威尔无意中最看重的，恰恰是和查克这些问题青年的友谊，因为这是他多年以来仅有的认可他、接纳他的关系。西恩懂得这一点，所以当蓝勃说威尔的朋友是"智障"时，他愤怒地为威尔辩护。

所以，当查克也对他说"你走吧，我渴望你顺应你的天才"时，威尔真正解脱了。前面有爱情、事业等美好而正确的生活等着他，后面则是多年死党的督促、逼迫和容纳，那么威尔还有什么好犹豫的呢？

这不是你的错

影片最后一个高潮，是威尔终于又来到了西恩的治疗室，而西恩拿着威尔的卷宗——那上面有他的种种问题和受虐经历，对他一遍又一遍地说："这不是你的错。"

西恩第一次这样说时，威尔说："我知道。"

但是，威尔并不知道，他只是口头上知道而已。所以，西恩继续说。

威尔惊讶了，他看上去甚至讨厌西恩这样说，所以说："你不要戏弄我。"

但西恩继续说："这不是你的错。"

终于，威尔的防线彻底崩溃了，他扑在西恩的身上，紧紧抱着西恩，像婴儿一样痛哭。

这种拥抱，有着极大的象征意义，意味着威尔终于第一次真正信任了好的关系。

影片的最后，是威尔驾驶着查克等死党送给他的破车，奔向加州，去找史凯兰。

这是一部非常棒的影片，无论是治疗过程，还是对威尔内心的理解，都非常有深度而且真实。威尔和西恩的扮演者也有极佳的表演。凭借这些因素，这部影片获得了 1998 年奥斯卡奖的最佳配角奖（给西恩的扮演者，罗宾·威廉姆斯）和最佳原创剧本奖（给威尔的扮演者马特·达蒙和查克的扮演者本·阿弗莱克），并获得了其他多项大奖。

不过，作为心理学工作者，我还想说，这部影片中有太多的戏剧色彩。导演给了威尔太多的支持性因素，譬如他的天分、爱情、卓越的心理医生和极讲义气的死党，而在现实生活中，同时获得这些因素非常不容易，尤其是查克的那番话，我很少在现实生活中听到。

甚至，在这一点上事情总是相反的。当我们想脱离旧的逻辑而奔向新的人生时，那些与我们旧的逻辑捆绑在一起的人，很容易产生恐惧，并有意无意地使用各种方式来阻拦我们的改变。

所以，我们在现实生活中若想有真的改变，需要拿出比威尔更多的勇气。

永远保持一颗柔软的心

我年轻的时候，很想改变这个系统，我想抗争，不惜代价做到最好。但是这里让一步、那里让一步，最后陷入这个游戏中。然后我意识到，我想改变的这个系统，却改变了我。

——电影《守法公民》中的检察官尼克

尼克·赖斯，美国费城的一名检察官，他以自己的工作为傲，因为，他的案子定罪率高达 96%。

这就是说，被他起诉的犯罪嫌疑人，最后有 96% 被判有罪而得到惩罚。

这是一个了不起的数字。但是，他的一个"保护对象"克莱德·谢尔顿，却决定报复尼克。

不，准确来说不是报复尼克，而是将费城的司法体系这个"腐朽的圣殿"摧毁给尼克看。

这是好莱坞心理惊悚片《守法公民》所讲述的故事。

《守法公民》的编剧中有经典名片《肖申克的救赎》的导演，也是尼克的扮演者杰米·福克斯——他是多才多艺的奥斯卡影帝。克莱德的扮演者也是《300勇士》的男主角，其阵容可谓强大。

不过，这部影片最吸引我的，还是一环紧扣一环的故事中的寓意。

屈从命运，然后转嫁命运

克莱德的命运凄惨至极。本来，他有一个幸福的家庭，但匪徒达比和阿米袭击了他的家。他被刺伤并被捆绑，而他挚爱的妻女，则被达比当着他的面奸杀。

达比有意不杀克莱德，并在制伏克莱德时对他说："你不能反抗命运。"

达比要的不是克莱德的财物，他要的是给克莱德制造一种感觉——"你不能反抗命运"。

这是典型的投射，达比自己内心深处有一种感觉，就是"我不能反抗命运"。他无法忍受这种感觉，所以寻找机会将这种感觉投射出去。他不能反抗他的命运，但他可以将他的命运转嫁给别人。

尼克聪明、执着且认真，他知道达比是什么人，他也知道，达比是主犯，阿米是从犯。然而，他却与达比达成了认罪协议。这是一个交易，达比交易的是指控阿米，而尼克交易的是为达比脱掉谋杀的罪名。

为什么做这个交易？

尼克对他的老师、费城总检察官乔纳斯说，他不能冒险，因为这起案件目前缺乏证据，DNA 检测失败，而克莱德当时神经错乱，所说也不足为信，如果不达成认罪协议而继续起诉，那结局很可能是达比和阿米都无罪释放。

尼克说得很有道理，但是，乔纳斯说："你怎么向受害者的丈夫交代？"

这难不倒尼克，他在和克莱德谈话时，镇定自若，坦然地告诉克莱德："我跟他们做了交易……这对我们来说是场胜利！"

克莱德说："你知道事实是什么。"尼克则反驳说："你知道这不重要，重要的是你能在法庭上证明什么。"

这是法制社会的核心所在，然而，尼克说得如此斩钉截铁。那一刻，他的心中完全没有了温情和柔软。

克莱德不能让他的心柔软，达比却能找到这柔软的所在。在最后一次关键的审判中，达比知道大局已定，他只被判了三年有期徒刑。他很开心，先问尼克："你结婚了吗？"

接着他也对尼克说："你不能反抗命运！"

达比在嫉妒，凭什么我内心如此无助，而你们却可以过得那么好，凭什么我不能和女人建立正常的关系，而你们却可以结婚过幸福生活？你是我这一边的，但我却想让你死，我想让我身边的所有人死，我想让你们都和我一样无助，和我一样接受这个逻辑——"你不能反抗命运！"

尼克对达比讨厌到极点，其实，就算达比不说这两句话，他也不会对达比有丝毫好感。但是，这个结局算什么，他的情感是站在克莱德一边，但他头脑中的法律体系却站到了另一边。

心中的情感和头脑中的法律体系发生了分裂。之所以发生这种分裂，一个关键是，他不愿意再动情感。

在离开法庭去见媒体的路上，乔纳斯安慰尼克说："一旦你做了一个决定，就得接受它，然后忘记它。"

乔纳斯后来还对尼克说："困难的不是做出一个决定，困难的是接受。"

这是一种自欺欺人，因为困难的还是如何做出决定，尤为困难的是，如何带着情感去面对这个工作中经常看到的世间最悲惨的事情。

乔纳斯说："不管情感如何，你得说服自己强行接受自己的决定。要做到这一点，势必要合理化自己的决定。"

另一个关键是，执掌着别人的命运，这种感觉很特别。乔纳斯和尼克都不喜欢达比的结局，但他们都喜欢是自己来决定这个结局。所以乔纳斯对尼克讲了深通哲学的古罗马皇帝马可·奥勒留的故事。

每次去一个广场时，奥勒留都会带着一个专门的仆人，每当听到有人赞美皇帝时，这个仆人就对奥勒留耳语说："你只是一个人，你只是一个人。"（You're just a man.）

概括而言，第一个关键是关闭情感，第二个关键是享受权力感。关闭情感的尼克尚可原谅，而享受权力感的尼克则深深刺伤了克莱德。在广场上，当尼克对媒体记者们侃侃而谈，尤其是当尼克和达比握手时，克莱德痛到极点，他决定报复。

说的是情感，玩的是权力

情感和权力，孰轻孰重？

在意识上，尼克、乔纳斯和费城司法体系中的每一个重量级人物，想必都会说情感更重，权力，他们才不在乎呢。他们可不会追求权力，他们在乎的是追求正义，譬如尼克就喜欢问女儿："爸爸上什么班？"

女儿会回答："抓坏蛋。"

尼克再问："为什么抓坏蛋呢？"

女儿再回答："为了我们的安全。"

又如达比和阿米的辩护律师雷诺兹，在阿米十年后被处死刑时，他来到现场。尼克问他为什么不在家里看 DVD 而非要来现场，雷诺兹的回答令人动容："阿米没有亲人，我觉得应该来送他一程。"

似乎是，雷诺兹很讲情感。这在一定程度上是真的，但同时，已年迈的他还起了性兴奋，他很关注尼克的助手萨拉的大腿。

弗洛伊德早就发现，性兴奋和死亡关系密切，自己死亡或看别人死，都可能会被激发起性欲甚至性高潮。但我总觉得，雷诺兹的性兴奋还有别的意味，这些司法体系中的成员一排排坐在死刑室前观看阿米被处死还有别的意味。

但这种意味被破坏了，本来可以无痛死去的阿米，却在痛苦中挣扎了很久才死去。

有人动了手脚，一个瓶子上写着："你不能反抗命运。"

这句话让尼克想到了达比，他们立即出动去缉捕达比。

但自以为聪明无比的尼克错了，从现在起，他做出的每一个决定、走的每一步，都是克莱德的一个圈套。

克莱德终于发起了行动，让阿米在痛苦中死去，只是他的第一步。

克莱德的第二步行动，是利用尼克带来的警察车队，诱骗并制服达比。接下来，他将达比给他制造的无助感，还给了达比。

达比中了一种河豚的毒，因而，他将失去行动能力，但是，他的感受能力却丝毫没有被破坏。

接着，克莱德将达比紧紧地绑在一张床上，床的上面，是一面镜子，镜子上是克莱德妻女的照片。他要肢解达比，要挚爱的妻女看着他复仇，也要达比看着自己被肢解。

他给达比注射了肾上腺素，那样达比就不会晕厥过去。他还割掉了达比的眼皮，那样达比就无法闭上眼睛。

……

看起来，克莱德和那些变态杀手没有什么两样，但其实差异巨大。那些变态杀手首先有一个信念"我不能反抗命运",接着他们给别人制造"我不能反抗命运"的无助感。相反,克莱德是直接"反抗命运",他要将达比给他制造的无助感直接还给达比。

以眼还眼、以牙还牙尽管不够好,因为冤冤相报何时了,但是,这种复仇的方式,可以将痛苦限制在加害者和受害者之间,而不会向外传递。

当然,这不是法制社会的逻辑。法制社会的逻辑是,一切问题在法律体系内解决,所以不管是加害还是复仇,都会受到法律制裁。

克莱德想做一个"守法公民",所以他留下线索让尼克轻易抓到他。

这时,故事才真正开始。克莱德要和尼克以及整个司法体系玩够"认罪协议"这个交易游戏。

认罪协议,是谁说了算的游戏

尼克抓住了克莱德,但是,他没有一点证据,所以,他得说服克莱德认罪。

这很容易,因为克莱德主动提出了认罪协议,他的交易筹码是认罪,而他的条件是,给他在牢房里弄一张席梦思床。

克莱德的要求低得出乎人想象,但尼克却有点恼怒地拒绝了。

尼克的同行们不能理解,他们问尼克:为什么不接受?

我有一个朋友，他在消费时行为很奇特，他有时会把服务员或经理叫过来说：你们这个菜的价格怎么定得这么不合理！

不等服务员或经理辩解，他会继续说，价格太低了，应该是多少多少。

他的这个游戏和克莱德的游戏是一样的，就是谁说了算的游戏。消费中的价格是经营方定的，消费者似乎只有接受的份儿，尤其在那些大餐馆。我这位朋友不喜欢这种感觉，所以他要挑刺，他要提价。提价对方一定会答应，那样他就有说了算的感觉。不过他很聪明，每次挑刺时都是挑一些小菜的价。

尼克玩认罪协议的游戏时，更喜欢对方漫天要价，那样证明对方害怕，而尼克有足够重的筹码。但像克莱德，承认杀死阿米和达比的两起重罪，要的筹码却只是一张席梦思床。这太轻，轻到他似乎没有理由拒绝，轻到他似乎必须得接受，这种被迫、被戏弄的感觉让人很不爽。

由此看来，检察官和罪犯之间的较量，和丈夫与妻子的吵架一样，其实核心是意志的较量，争夺的是谁有说了算的权力。

但尼克是个好检察官。在任何体系内，好的表现都意味着，以问题为中心，而不以情绪为中心，所以尼克还是和克莱德达成了认罪协议，给他的牢房安装了一个席梦思床垫。

尼克以为一切都结束了，但克莱德说："我还要和你做第二个交易。"

尼克蒙了，他问："交易要有筹码，你有筹码吗？"克莱德问："雷诺兹的性命够不够？"

雷诺兹就是那个在阿米死刑前关心女人大腿的辩护律师，他的性命自然够筹码。这次，克莱德的条件是一份高质量的西餐，20 磅的牛排一套，还有他的随身听，要在中午 1 点前送到。

这次，轮到了监狱长不爽。他也觉得被戏弄，他要反抗。既然 1 点是克莱德的意志，他有意拖到 1 点 08 分才将西餐送到。

通常，作为司法人员，展现一下自己的意志是很爽的，但在克莱德面前，这种做法会有代价，这次的代价是，雷诺兹死了。本来，如果他们准时将西餐送到，雷诺兹是可以活的。

谁不热爱权力感？在克莱德一案中，最有权力的还不是尼克，而是一名女法官。她宣判了阿米死刑，达比三年监禁。现在，事情紧急，克莱德拥有可怕的破坏力，所以尼克和乔纳斯请求女法官限制克莱德的行动范围。

女法官问："你们的意思是，要我为了含糊的更重要的目的，侵犯他的天赋人权，是吗？"得到确认后，她说："好的，我加入这个游戏。"

最后，她得意地说了一句："这就是做法官的好处。赖斯先生，我基本上想干什么就干什么。"

这是她生命中的最后一句话，她准备接电话时，电话爆炸，她当场死去。

没有了心，人就会被体系异化

直到此时，尼克才感觉到恐惧，他才明白，克莱德说的是真的，他不是简单的复仇，他真的想而且似乎可以将那个"腐朽的圣殿"摧毁给他看。

这时，克莱德提出了新的交易，释放他，并在第二天早上6点前撤销所有指控，而他的筹码则是未来时，否则"我将杀死所有人"。

尼克不可能接受这一筹码，他认定克莱德有帮手，所以把所有资料和所有人员都调集到监狱。他想找到克莱德的帮手，因为克莱德已被关到一个人的牢房，不可能是他杀死了女法官。

十年前，萨拉就是尼克的助手，她现在已35岁。她的心被动摇了，她问尼克："如果是现在，你还会和达比做交易吗？"

尼克说："当然会。萨拉，你要相信，我们做的决定是对的。"

但萨拉说："我希望还有些别的，我希望我的工作不只是为了高定罪率。"

女人的心是难以硬下来的，何况萨拉还在恋爱中。她或许是惧怕被司法体系这个怪兽所异化，变成关闭了情感的权力狂。

很快，早上6点到了，什么事情都没有发生，尼克和同僚们松了一口气，决定回家休息一会儿。但这时，灾难发生了——停车场的汽车连环爆炸，六名检察官当场被炸死，包括萨拉。

六名同僚，尤其是萨拉的死，深深刺伤了尼克。其实，经常是痛苦才会让一颗僵化的心复活，一个高僧说："心一次次破碎，只是为了把心打开。"

心打开后的尼克不再是一个标准的检察官，他成了一个有情感漏洞的人，他怒不可遏地暴打克莱德。

克莱德却说："你有长进了，尼克。"

克莱德还终于讲述了让他发起行动的直接原因——"你可以昂着头走出法庭，我无法忍受。"

我想，克莱德说的是，他无法忍受尼克在他的案子上关闭情感，尤其无法忍受尼克那种大权在握的样子。

情感打开后的尼克也终于开始反思，自己是不是真的错了。在参加六名同僚的葬礼时，他对乔纳斯说："错的是我。"

他说："我年轻的时候，很想改变这个系统，我想抗争，不惜代价做到最好。但是这里让一步、那里让一步，最后陷入这个游戏中。然后我意识到，我想改变的这个系统，却改变了我。"

乔纳斯则继续用他以前的那一套语言安慰他说："做出决定并不困难，困难的是接受它。"

乔纳斯的这句话将自己送上了绝路，就像女法官的那句话将自己送上绝路一样。克莱德应该是在监听他们的对话，并根据监听到的内容决定怎么做，这就是他对尼克说"每个人都应该为自己的行为负责"的原因。他觉得自己不是在滥杀无辜。

一辆被人遥控的爆破机器人攻击了乔纳斯乘坐的车，乔纳斯当场死去。

尼克要做到最好，心必须敞开，情感不能关闭，但那样做决定会很难，也会很痛苦。而乔纳斯的逻辑是，多一点合理化的自欺欺人就可以了。但是，如果没有心、没有情感，一个人就会在任何一个体系中迷失，最终被体系异化，成为这个体系的一颗螺丝钉，那时就不能再称其为一个人。

最后，尼克将乔纳斯这句话转述给克莱德时，做了修正，改成"我们不能改变既定的决定，但这可以影响即将做出的决定"。这句话是没问题的，任一决定都会有局限。事实也的确如尼克所言，假如没有那个认罪协议，达比和阿米都可能会被无罪释放，但关键是，尼克是否真有反思，他是否能带着心去看这个决定的局限所在？十年以来，他没有。相反，他真听从了乔纳斯的建议，不断地将自己过去的决定合理化。结果，他的心越来越僵硬，而他越来越像是一个权力狂。

他不再做法律螺丝钉

权力狂也常常是工作狂。工作，多数时候总是在一个体系中，而任何一个体系的核心规则都是权力。

当然，夫妻和亲子之间也会形成一个体系。不同的是，工作体系中假若只剩下谁说了算的权力游戏，貌似可以运转得更好，而家假若只剩下谁说了算的权力游戏，那么这个家就会崩溃，因为那时我们会觉得，这个家不再是一个家。

家，好像能温暖我们的心，让我们的心软下来。但是，我们自己可曾努力让自己的心软下来？

至少尼克的努力越来越少，他迷上了"95% 还是 96% 的定罪率"游戏，乐此不疲。相反，他对这个家越来越缺乏投入。

尼克的女儿丹尼斯是大提琴天才，但直到她 10 岁，尼克从来没有看过女儿一次演出。女儿的其他事情他也总是不放在心上，他的所有心思都放在了定罪率的游戏上。

克莱德要逼迫他，让他的心在这方面也复活。他先是将肢解达比的录像带寄给尼克一家，丹尼斯和尼克的妻子凯利都被吓着了。这时，尼克愤怒到了极点。

以前，他是头脑上知道家人多重要，但现在，他是感觉到家人多重要，这是巨大的不同。

乔纳斯遇害后，费城市长爱普尔和费城整个权力体系，将克莱德视为超级敌人。但这时，尼克的心反而离克莱德越来越近，他第一次或再一次去看克莱德妻女遇害的照片，带着打开的心去看如此惨烈的照片，尼克终于可以体会到克莱德的痛苦了。

如此一来，作为一名检察官，他将不再只是其中一个合乎时宜的"法律螺丝钉"，同时还是一个有情感漏洞的、活生生的人。"You're just a man."

克莱德的最后一步，针对的是费城整个权力体系。他准备在爱普尔召集紧急会议时，在那座大楼引爆一颗汽油弹。

但也就在这样的关键时刻，尼克收到一封神秘的电子邮件。借助这封电子邮件提供的信息，尼克发现了克莱德的致命漏洞，并最终击败了克莱德，也拯救了费城。

尼克和克莱德在牢房中交谈，尼克说："我再也不会和杀人犯做交易了。"

这正是克莱德想要的，所以他笑了，但他还是尝试引爆了那颗汽油弹，而这颗汽油弹已被尼克放到克莱德的床底下，所以克莱德像是自取灭亡。

　　然而，这也是克莱德想要的，他没有挣扎，而是微笑着端坐在床上静待死亡。

　　这还不是结局。结局是，尼克终于第一次去看女儿的演出。丹尼斯的演出非常成功，尼克欣慰，又有些不安，他想到了克莱德，想到了克莱德的女儿。

　　在他能够体会到克莱德对女儿的爱与痛后，他也终于可以带着心和自己的女儿在一起了。

多少感情因逃离孤寂而生？

　　女孩卡拉，18岁时，逃离父母，来到帅哥男友克拉克身边，他们以经营一个骑马场为生。

　　连续多天大雨，他们的生活遇到困难，而卡拉的心头肉——小小的白色山羊弗洛拉也失踪了。为了应对生活的艰难，克拉克想了一个主意：让卡拉向邻居——诗人贾米森的遗孀西尔维娅控诉，在为诗人做护工期间，曾被诗人性骚扰。

　　的确，诗人躺在床上度过生命的最后时光时，虽然话几乎都不能说了，但还是对年轻女子有着性骚动，并用手势表达他的欲望。

　　不消说，卡拉是拒绝的。可是，她却在与克拉克亲热时，提到了这事。当发现这能让克拉克兴奋时，她半主动半配合着克拉克，不断添油加醋，将这事描绘得复杂起来，这给他们的性爱增加了趣味。

她是在讨好克拉克，想让克拉克的情绪好一点。不过，也得承认，她也是兴奋的。寂寥的生命中，有点刺激总比空无一物要好。

西尔维娅回来后，卡拉按计划去见了西尔维娅。但年长的、成熟的、懂得如何与孤寂相处的西尔维娅，与不甘于寂寥的、充满生命力的卡拉之间，有了一些共鸣。卡拉大哭，这哭泣是真实的，产生于她与克拉克的生活中。克拉克粗鲁甚至粗暴，不仅忽视卡拉的细腻感受，还会将负面情绪发泄在卡拉的身上。本来想在克拉克身上找到存在感的卡拉，反而受伤了，她很委屈。

西尔维娅懂卡拉。部分因她的鼓动，卡拉决定出走——她本来就有此意。她穿着西尔维娅给她的衣服，去投奔西尔维娅在异地的一位女性朋友，暂居在那位朋友空旷的大房子里。然后去周围寻找工作，还是找骑马场的工作——这是她仅有的工作经验。

有西尔维娅时，卡拉是有勇气的，她决意去寻找"一种生活，一个地方，选择了它仅仅为了一个特殊的原因，那就是那里将不包括克拉克"。

当初，从父母的家逃离到克拉克这儿时，她也使用过类似的理由，她对妈妈与继父说："我一直感到需要过一种更为真实的生活。我知道在这一点上我是永远也无法得到你们的理解的。"

但在克拉克这里，"更为真实的生活"也即存在感并未找到。相反，她的细腻正在被克拉克摧毁，所以，她要再度出走。

卡拉仓促上路了，但真正踏上逃离之路时，她忍不住哭起来。她看到了一个矛盾：她不能在克拉克这里找到"真实的生活"，但那里就可以吗？

"她现在逐渐看出，那个逐渐逼近的未来世界的奇特之处与可怕之处就在于，她并不能融入其间。她只能在它周边走走，张嘴、说话，干这、干那，却不能真正进入里面。可是奇怪的是，她却一直在干同样的事——乘着大巴希望能寻回自己。"

到了第三个站口，她突然被一种惶恐袭击，不顾一切地下了车，接着给克拉克打电话，求克拉克来接她。

她的逃离，就这样结束了。

卡拉出走的事，先是抽空了克拉克的心，让他陷入惶恐，而后陷入巨大的愤怒，他决定要惩罚一下谁。这份愤怒当然先指向卡拉，但他忍住了，于是，他顺理成章地将愤怒指向那个多事的中年女邻居。

他敲开了西尔维娅的门，带着要弄出点什么事的情绪。对话中，他的愤怒一点点累积，就要失控的时刻，弗洛拉——卡拉最喜欢的那只通人性的、可爱的山羊出现了。

它是在雾中出现的，那一刻，它犹如鬼魅，吓了克拉克和西尔维娅一跳。面对这个鬼魅，克拉克和西尔维娅奇妙地结成了联合阵线，孤寂中的恐惧多么容易将两个不安的人结合在一起。克拉克与卡拉、诗人与西尔维娅、卡拉的父母，说不定都是这么结合的。

克拉克与西尔维娅言和了，是那种自然而然的和平，两个人甚至都像是很有交情的邻居了。

克拉克带走了弗洛拉，但并没有带给卡拉。相反，他将愤怒倾泻到这只柔弱的动物身上，他杀死了它。由此，他的惶恐缓解了。

他杀死了柔美的、感性的弗洛拉，他也杀死了自己心中的弗洛拉，或许他早已将内心的柔软杀死，只是僵硬地活着。

弗洛拉，也是卡拉灵魂中的柔软之处。

卡拉借西尔维娅的一封信，才知道弗洛拉已被克拉克带走。那一刻，她知道弗洛拉已被克拉克杀死，凭直觉，她找到了弗洛拉的骸骨。

这成了她心中的一根刺，刺得她越来越疼。但同时，她和克拉克的生活却配合得越来越好。

于是，她选择留在克拉克身边。不是因为克拉克的威胁——他曾说"如果你胆敢离开，我就将你的皮肤打烂"，而是因为孤寂。这份孤寂，让那份卑劣的性欲都显得可贵，更何况是克拉克的陪伴。

但那根刺还会发酵、变化，它演化出了艾丽丝·门罗小说中的各种逃离。

没有被爱照亮的生命，存在本身就是羞愧

看了《西游·降魔篇》后，我又看了周星驰的专访节目，再次感慨，每个人最打动人心的作品，正是他自己的命运剧本。

节目中有两点蛮特别：第一，星爷没意识到他的几部重要作品在重复同一个模式；第二，对影片最后那段话"看见你第一眼就已爱上你了……一万年"，主持人问为什么重复使用这段话，星爷说有"情意结"，而主持人精准地表达了理解后，他两次说谢谢。

知音难觅，自知更难。

《西游·降魔篇》不错，而"大话西游"系列是我最爱的影片之一，它们有共同的模式：对最爱的女子，男主角一直在躲避，直到她用生死证明爱，男主角才悲痛成神。

在真实的生命剧本中，星爷也成了神，也一样孤独。《大话

西游之仙履奇缘》最后一幕，两个时空交织在一起，城墙上武士和紫霞拥吻，城墙下悟空只能呆看。星爷若白头孤老，是不是同种滋味？

对和妈妈一样漂亮而强势的段姑娘、紫霞与柳飘飘，星爷又爱又恨。爱，可以是一万年、是永远，而比恨更深的是绝望，不敢真的相信妈妈的深爱存在，最后是不敢相信爱情存在。除非像长江七号、紫霞或段姑娘那样对爱给出绝对证明，否则宁愿孤独。

爱的绝对证明，在《长江七号》中表现得最极致。那就是，无论我怎么虐待你、攻击你、抛弃你、侮辱你、憎恨你、冤枉你……你都一如既往地深爱我。也就是说，我将我人性中一切丑陋尽现于你眼前，而你对我的爱毫不动摇。

在影片和神话中，这可以做到；在现实中，却极少有人能做到。关键不是没有谁能承受折磨的痛，而是，当你的折磨出现时，我会怀疑你对我的爱，而你对我没有爱了，我为何还在你身边？

并且，所谓的一切丑陋，其实只是一种感觉。在《被嫌弃的松子的一生》中，小说家八女川自杀前留遗言说："生而为人，我很抱歉。"这份遗言在现实中有人说过，就是日本小说家太宰治。如此强烈的对生命的否定，原因很简单——没有被爱照亮的生命，存在本身就是羞愧。因这份羞愧，而觉得自己存在着的一切都是丑陋，但一旦有爱的光逐渐照进来，存在着的一切都是荣耀。

周星驰的电影虽然是喜剧，虽然男主角也会讨生活，但男主角很少丑陋而鄙俗，扮小丑的，都是配角。这是星爷的一个投射，看他电影入戏的人都会感觉到小人物的那种挣扎感。

但在现实中，这种人常常连嘲笑都没有。不是说你一点分量都没有，所以别人没空嘲笑你，而可能是真的没什么可嘲笑的。嘲笑、丑陋与鄙俗，是自己内在的一种感觉，而非外部真实。

星爷在控制自己影片的每一部分，由此可以说，星爷的经典电影都是他内心向外的投射，那些小丑是，反角也是，并且，反角更为关键。

在《大话西游之仙履奇缘》中，牛魔王与悟空是兄弟，牛魔王错杀紫霞。《西游·降魔篇》中，孙悟空则是将段姑娘打成碎末。这种情节发生后，孙悟空和唐僧才能成神，才有冲天力量镇住牛魔王和猴妖。

没有得到足够母爱的孩子，既有"一万年"的爱，也有怨恨，若爱极少，怨恨也可以冲天。爱与恨先在心中分裂，而在影片中，则分裂成牛魔王与孙悟空、孙悟空与唐僧。特别是《大话西游之仙履奇缘》中，牛魔王成了杀人凶手后，至尊宝才能将恨转移到牛魔王身上，而爱就可以全然贯注到紫霞身上。一如紫霞与青霞，必须分离，才能存在。

其中的一个寓意是，恨表达了，爱才能生出。

至少是，恨被看到了，爱才能发出。

比起"大话西游"系列，《西游·降魔篇》有一个理念上的进步。前者中的魔性都是贪婪，后者中的魔性，则都是如波兰导演基耶斯洛夫斯基所说的"恨是爱而不能"。

感情寂灭的一代宗师

看了《一代宗师》，更加懂王家卫电影里的那种味儿。他的电影看似很小资，其实都是压抑的情戏，但压抑得唯美、默契。电影中处处弥散着绝望，但绝望都非常感性地用中国元素来表达，这给了王家卫电影一种独特的味道。

并且，这尚不是彻底的绝望，绝望中，还总藏着那么一根细线。这根细线，就是王家卫电影中男女主人公对爱情的渴望程度，也是相信的程度。唯其如此，有了这根细线，才更能品出绝望的味道来。

但也因了这根细线的存在，王家卫的电影成了中国影视中现象级的存在，因为其他的导演或编剧，并非不绝望，而是将渴望与绝望的感觉都给隔断了。结果是，他们的电影，很容易流于粗俗。

在王家卫的电影中，那些男男女女，一直都执着而委婉地抓着这根细线，可终究再没有前进一步。

其实，也不想前进，最好就是如宫二所说的那样："让你我的恩怨就像一盘棋保留在那儿。"

就停在那儿，不再前进一步。结果，纵然"世间所有的相遇，都是久别重逢"，可一次次重逢，硬是没让爱活出来。

我曾在香港学催眠，连续有两个晚上，做了二十几个梦。第一个梦是一万多年前，最后一个梦是新中国成立后，都是我和同一女子在上演同一模式的故事。若梦是在讲前世，那真是应了我前面那句话：一次次重逢，可一次次错过。

忘记了这根细线的人，成了鄙俗之人。记得这根细线，同样又品懂了绝望味道的人，就成了一代宗师。

不懂的人们，拼命学武。电影最后，叶问的武馆开张，开拳、比武，弟子们忙得不亦乐乎，唯独叶问安坐着。

外面的喧嚣，更衬托了叶问的寂寞。

能与这寂寞相处了，就进入了化境。那些吼叫着的小年轻，还有那红着眼睛不断猛攻的对手，还试图在这种体力的击打中找到存在的价值。

当这么做时，一个人与自己内心是缺乏连接的，因而他是身心分离的。

所以，进入化境的宗师，轻轻一下就可以让他们倒下。

一个又一个男子，兴奋地练武、比武、挣面子……他们以为这样就在这个世界上立足了，就存在了。

可只有品味到感情寂灭的人才知道，能与这种寂灭在一起，你才真正碰触到了存在。

我读研究生时，给人生立下三个目标——哲学式的。其中一个是，与孤独达成一个默契。

我以为，我要的这个寂寞不是绝望，而看完《一代宗师》后，我一个晚上和一个上午都陷入寂灭感。

这部电影，是与感情的寂灭达成了一个默契。但它能唤起我的寂灭感，至少一个看得见的答案，是我那二十几个梦。那些梦，即便不是前世，也反映了我内心对爱情是多么绝望。

看《一代宗师》时，我脑海里老闪烁着一个看似没那么有道理的画面：

在《魔戒·王者归来》中，魔眼已毁，弗罗多醒过来，发现自己已在夏尔，阿拉贡、甘道夫、金霹等人逐一出现，两个霍比特人兴奋地跳到床上，拥抱弗罗多。

最后，一直与弗罗多生死与共的山姆出现。看到山姆那一刻，弗罗多仿佛忘记了一切，只是专注地看着山姆。山姆也看着他。他们没有说话、没有行动，但彼此却从眼睛到心，看见了彼此的一切。

从《一代宗师》谈到《魔戒》，像是一种无厘头。不过，王家卫的电影，若不是沉到感觉里，也像是无厘头。

他的电影，玩的是味儿、是感觉。画面的逻辑，不在头脑的逻辑中，而是在感觉中。

我想我也一样。弗罗多与山姆对望的那一幕，与叶问和宫二最后对望的那一幕，形成了对比。我被王家卫拉到一种寂灭中，但心中跳出的这个画面对我说，这世间还有另外一种味儿。那种味儿，清新、简洁、有力且光明。

最近做的几个梦让我明白，对感情的信心，就是对整个世界的信心。《魔戒》三部曲，讲的是如何不让魔眼统治世界，讲的是一个又一个人的英雄之旅。我们看他们拯救世界，其实也是在拯救自己对情感的信心。

为何，我们的电影中没有《魔戒》的那种味儿，这也是电影《勇敢的心》中的那种味儿？

美国神话学大师坎贝尔认为，欧洲最伟大的传统不是基督教，也不是古希腊文化，而是从 12 世纪开始的对爱情的传唱。或许，"魔戒"的味道至少也是从那时开始，西方的电影，在拯救世界的同时，从不忘对爱情进行歌颂。

可我们的张艺谋，却在《英雄》中安排了这样一出：让神仙侠侣主动求死，只是为了维护能带来统一的帝王的面子上的秩序。

爱情与拯救世界成为敌人，最终就是，爱情永远向各种各样看似正确的事物让步。所以，我们的爱情故事，都是浅尝辄止，只在不断重复的品味中留下一条细线，而这已经够惊天动地了。

在《一代宗师》中，叶问和宫二对打，两人鼻尖在一线间擦过。那一瞬间，世界安静下来，两人产生了感情。

世间所有的相遇，都是久别重逢。

只是，在我们的文学作品中，以此种方式久别重逢，像是一种模式。在金庸的《倚天屠龙记》中，美貌的紫衫龙王爱上银叶先生，也是因两人在冰水中打斗时，有了肌肤之亲。

关键不光是有肌肤之亲，还有打斗。为何武侠爱情片、动作爱情片如此受欢迎？打斗加肌肤之亲，很重要。

只是，我们的肌肤之亲，总是轻轻一下，不像西方电影中，香艳而直接。

轻轻一下、轻轻掠过的肌肤之亲，我们称为含蓄，含蓄是东方之美的精髓。

但看完《一代宗师》，一遍遍地回味王家卫所有电影中的那种味儿，我突然明白，所谓含蓄，就是对感情寂灭的美感表达吧。但再怎么表达，骨子里还是无望。

阿凡达：一个万物有灵的童话

如果我们放弃这片土地，转让给你们，你们一定要记住：这片土地是神圣的⋯⋯

清风给了我们的祖先第一口呼吸，也送走了祖先的最后一声叹息⋯⋯

你们一定要照顾好这片土地上的动物⋯⋯降临到动物身上的命运也终将降临到人类身上⋯⋯

告诉你们的孩子，他们脚下的土地是祖先的遗灰，土地存留着我们亲人的生命。像我们教导自己的孩子那样，告诉你们的孩子，大地是我们的母亲。任何降临在大地上的事，终将会降临在大地的孩子身上。

——印第安部落酋长西雅图

看完电影《阿凡达》，我被深深感动了。

影片末尾，被打败了的人类——主要是海军陆战队队员组成的雇佣军——被驱逐出了奇幻而美丽的潘多拉星球，回到了他们"行将消亡的地球"。

看到这句话，我想起数年前，我回到母校北京大学，遇见一位在日本留学的心理学博士。他对我说，西方文化会将人类带向灭亡，而东方文化不会。

当时听到这样的话，我很不以为然，我有点带嘲讽地说：是啊，东方文化，譬如中国，最多是像秦朝那样，将本来满是原始森林的地方弄成黄土高坡，而弄不出原子弹等超级武器，真的将人类逼到可以彻底自杀的地步。

那时，我的理解是，东方文化——这个术语真是太大了——在太多地方扭曲了人性，令我们这个民族的每一角落都充满了扭曲的痛苦，而西方文化——至少是目前的西方——对人性的本真是相当尊重的。我觉得，西方文化的精髓可以体现在俄罗斯文豪陀思妥耶夫斯基的小说《卡拉马佐夫兄弟》中的一段对话中。那段对话的大体意思是，哥哥问弟弟，如果杀死一个小女孩可以让整个世界得救，可不可以做。弟弟犹豫了一会儿，小声而坚定地回答说，不可以！

更具体一点说，我的理解是，在我们的文化中，太多伟大的东西凌驾于个人之上，最终个人价值被严重压制，先是可以借助伟大的名义压制个人，而最终成了可以用一些卑鄙的名义来压制个人。

那时，我还怀疑我们文化中的一个核心术语——天人合一。这怎么可能，我觉得是妄想！

那时，我很喜欢人本主义，但我对人本主义心理学大师罗杰斯的共情概念难以理解。我以为，那就是一个技术，就是心理医生不断地去和来访者澄清："对你刚才说的，我是这样理解的，不知道对不对？"至于罗杰斯所说的"设身处地地站在对方的角度上感人所感、想人所想"，噢，My God，这怎么可能呢？

但现在，我知道，共情远不是一种技术，它是一种存在，一种实实在在的东西，一个人真的可以感应到对方的存在。

明白这一点后，再回想起那位留日的心理学博士的话，我觉得，他在很大程度上是对的，而詹姆斯·卡梅隆在《阿凡达》中传递的道理也是对的。

白天真实，还是睡梦中真实？

在电影界，詹姆斯·卡梅隆是一个神话，因他创造了太多的神话。年轻的时候，他做了一个梦，梦见一个从未来而来的机器战士追杀他，他据此写了电影剧本《魔鬼终结者》，并以一美元的价格卖给一个制片人，但条件是，他以自己的方式来导演这部影片。自然，他成功了。

他这是用神话的方式制造神话，类似的影片他还有《终结者2》《异形2》和《深渊》等。

有时，他创造的是票房神话，他的影片《泰坦尼克号》创造的票房纪录一直保持到 2010 年，最终由他自己执导的《阿凡达》打破。

不过，对于《阿凡达》，很多影评家的评论如同对《泰坦尼克号》一样，"傻子电影"——这是他们给予的蔑称。

这种轻视可以理解，在我看来，在剧情上，尤其是在细微的感情处理上，《阿凡达》和《泰坦尼克号》都过于脸谱化。还有他另一部作品《真实的谎言》，情节走向，很像传说中的美国导演的经典处理模式，多久一个小高潮，多久一个大高潮，多久一个……似乎如行云流水，但都停留在表面，可以调动观众粗糙的情绪，令观众兴奋，但缺乏细腻的感触，无法令人回味无穷。

这也不难理解，因为卡梅隆其实根本处理不好自己的所有亲密关系，这就很难要求他去很好地处理电影中的亲密关系了。

但假若不去看《阿凡达》中的爱情，而去看其他，或许会有细腻的东西被触动。

这部电影的奇幻之处很多，最吸引我的有两个地方。

一个是，经过特殊训练的人类如男主人公杰克，可以通过一个仪器，与自己的化身战士即阿凡达（人类的基因和潘多拉星球的土著居民纳威人基因的合体）取得完整链接，从而可以操纵阿凡达进入潘多拉星球的土著世界。

另一个是，在纳威人中，他们骑六腿马和飞禽伊卡兰时，不是用缰绳等控制它们，而是将自己辫子上的神经末梢插入它们一个辫子样的东西，从而与它们取得心念上的链接，于是就完全可以只用心念去指挥它们。

第一个奇幻之处，很多人说，这不就像是《黑客帝国》中的意象吗？但有一个联想会更直接，那就是我们睡觉时。当我们睡觉时，我们就可以进入一个奇幻的世界。当我们醒了，从床上爬起，又重新进入了一个平常、乏味，甚至麻木的世界。

在《阿凡达》中，经常在两个世界中穿行的杰克最终有了一种幻觉，到底是所谓的现实世界真实，还是作为阿凡达在纳威人的世界中真实。对他而言，他越来越不能忍受人类世界中的乏味生活，越来越觉得，纳威人的生活更为真实。

那么，对于我们而言，到底是白天的世界真实，还是在睡梦中真实？在我看来，很不幸的是，我们的确是在睡梦中更真实。对于无数人而言，白天，我们是靠意识来支配自己，而这意识，绝大多数时候是自欺欺人的，只有在梦中，我们才能直接和潜意识取得联系，才能允许自己真实的内心展现出来。

万物有灵——原始人和孩子的童话

至于第二个奇幻之处，第一次在电影中看到这一画面，是纳威部落的公主奈蒂尼在教杰克骑马，她向他示范将自己的辫子插入六腿马的"辫子"中，我的眼睛一下子湿润了。这是对的，事情就应该是这个样子的。我心中不断发出这样的感叹，这不就是武侠小说中常说的人马合一吗？！这不就是所谓的天人合一吗？！

纳威人曾热心地教来到他们部落的"外星人"，他们试图让人类的阿凡达明白，万物有灵，你要用自己的灵与万物的灵取得链接，也就是通常所说的心灵感应。但是，在杰克以前，所有的阿凡达都是"油盐不进"，根本就无法取得一点进展。

在学心理学时，我们最需要学的，也许就是这样的链接。所谓共情，就是治疗者与来访者取得心灵感应。

假若真是这样，那么，这是不是太难了？有多少人会"油盐不进"，甚至穷其一生都未抵达这一境界？

这一境界，很有趣的是，是未开化的孩子和未开化的土著部落都拥有过的一种能力。细心的妈妈会发现，孩子真的可以感应到妈妈的事情。譬如，一个心理学家发现，如果他的孩子在睡觉，而他妻子在另一个房间打瞌睡。那么每当妻子将要睡着时，他的孩子就会哭出声来，这一点屡试不爽。而且从他妻子打瞌睡到孩子哭出声来有一个固定的时间差（我记忆中是 5 秒，但不敢肯定），他拿秒表做计算，每次都不例外。那么，孩子是怎样觉察到这一联系的呢？这位心理学家认为是心灵感应。

这位心理学家去过澳大利亚的土著部落，他第一次去的时候，还没到目的地，就在路上遇到了几个土著人，他们说是来迎接他的。他很惊讶地问他们怎么会知道。他们说，他们的精神领袖知道，所以派他们来迎接他。这位心理学家去了后发现，这种所谓的预见能力，在这个土著部落中是稀松平常的事情。

这种能力，在我们所谓的文明社会，是一些圣贤般的人物才能具备的，如明朝的哲学家王阳明。有朋友去看望他，结果在路上遇见了来迎接自己的王阳明。

美国好莱坞的很多电影都有对土著部落这一能力的刻画。在迪士尼影片《风中奇缘》（很多批评家说，《阿凡达》露骨地借用了《风中奇缘》的很多东西）中，当土著公主不知道该去向何方时，一棵柳树告诉她：要仔细去聆听风中的信息，要用你的心去聆听。

假若真能用心去聆听——其实是用身体去聆听，真能与柳树、马、一切有灵的万物取得链接，那么，到底是现代文明的生活更迷人呢，还是这种有链接的"原始生活"更迷人呢？

杰克给出了他的回答，作为第一个不再"油盐不进"的阿凡达，当他能骑六腿马时，当他能骑巨大的猛禽伊卡兰时，当他学会用心去感应身边的万物时，他背叛了人类，他爱上了纳威人，爱上了有灵的万物，爱上了纳威公主，他甚至愿意为捍卫这一切牺牲自己的生命。

同样的主题在好莱坞影片《与狼共舞》中也有体现。一位美国士兵被派去侦察印第安人，但他最终却爱上了印第安人的生活，爱上了印第安女人，最后被判了"叛国罪"。

《与狼共舞》远没有《阿凡达》这么奇幻，它是用很平实的手法描绘了一个从文明社会而来的白人士兵是如何最终"皈依"印第安人社会的。在看《与狼共舞》时，如果你不用心去看，你难以明白，男主人公为何会做出这一选择。但看《阿凡达》的话，这一切会变得很简单。噢，谁都会发现，所谓文明社会是多么可憎，而所谓土著人的原始生活是多么美好。

而在地球上，这两个世界是并存的。在我们没有将心打开之前，在我们完全不能有心灵感应，而只能用头脑和理智去思考、剖析其他事物时，我们就生活在一个可憎的世界里，或至少是生活在一个孤独而乏味的世界里。然而，假若我们能将心打开，感应到其他事物的存在，与其他有灵的万物建立如犹太哲学家马丁·布伯所说的"我与你"的关系，我们就会发现，原来自己生活在如潘多拉星球一样奇妙而美丽的世界里。

贪婪是一种可悲的可怜

在《风中奇缘》中，印第安公主对男主人公——一名白人士兵说："你聪明，但你不知道。"

她还对他唱道："你会觉得黑夜孤单，分外寂寞吗？让清风陪伴你。"

她这两句话是一回事。第一句话的意思是，你聪明，你可以利用、控制甚至征服其他事物乃至世界，但是，你知道其他事物的存在吗？你能感应到它们的存在吗？你不能，因为你的心没有打开。

在你的心没有打开前，最可怕的事情，不是贫穷，不是被虐待、折磨，而是孤独。

波兰著名导演基耶斯洛夫斯基早期拍的电影有政治意味，因他渴望他的国家能从坏的政治进化到好的政治。但后来，他拍的片子全然没有了政治意味，因为他发现，从波兰到德国，到法国，再到英国，甚至美国，每个人都有一个化解不掉的痛苦——孤独。所以，他想用电影来展现这一话题，也希望用电影能找到化解孤独的答案。

我深信，答案就在我们心中。当我们先找到自己的心，再能感应到别人的心乃至万物的灵时，孤独就消失了。我们会发现，原来我们和别人，和其他万物都是同一个存在。许多哲人称，这种境界叫"合一"，而《阿凡达》中则说，其实我们都只是能量的不同表达方式，其实同样的能量在我们彼此间流动，而且我们的能量都是借来的，早晚都要还。

这篇文章写到这里，就有点超出了我的境界，因为我还没有证到"合一"，我只是偶尔有那么几个瞬间，在那些瞬间里感受到了清静。但我的确发现了心灵感应的存在，而且我们也可以在这条路上前行。

并且，我也的确知道，有人达到了这一境界。一个达到者说，的确，孩子们一开始其实都可以感应到其他存在的灵，但慢慢地，这种感应消失了，我们还要重新通过自己的努力回到这一境界。一旦重新找回这一境界，我们就可以不必再回去了，我们就真的会停留在这一美妙的境界中。

万物有灵，不仅是印第安人的哲学，也是东方文化的核心内容。但是，这绝不仅仅是一个哲学或一个思考，而是一个实实在在的东西。如果你只是持有这样一个观点，那么你并没有掌握东方文化，没有真正懂我们的传统文化，是需要在自己身上修到这些东西。如果你多少体验到了天人合一的境界，那么，华丽的大厦不如茅草屋，开汽车不如骑马或走路……

传统的西方文化否定万物有灵。《阿凡达》上映后，梵蒂冈的媒体直接攻击了这部影片中"万物有灵"的概念。

有一种说法是，正是因为西方不相信万物有灵，所以才会有科学出现。假若你不仅相信而且能与猫取得心灵上的链接，那么，你怎么可以解剖它，把它切成碎片去研究它呢？

如《风中奇缘》中的印第安公主所说，主流的西方文明一直是"聪明，但不知道"。西方文明可以征服世界，却不能知道世界的真实存在。

并且，因缺乏与自己的链接，也不能与其他事物尤其是人建立链接，我们才会有要命的孤独。因为没有链接感，我们的心像是一个巨大的黑洞，什么都填不满。

更要命的是，这时，我们不知道关键是去恢复这种链接感，而只是想着把这个可怕的黑洞填满。任何东西都行，物质、金钱、女人、房子……一切的一切，都被我们用来填充这个黑洞。但是，如果链接感没有出现，那么可以化解这个黑洞的满足感永远不会产生。即便整个世界都成为你的奴隶，可以被你任意奴役，那个黑洞仍然在那里，令你孤独、恐惧。

试图填满这个空洞的举动，我们通常称为贪婪。但这不是贪婪，它是一种可怜。这种可怜，也是我们一切毁灭性举动的根源。

在《阿凡达》中，最可怜的就是那个反派人物——海军陆战队的头头。

很有意思的是，那些反派人物之所以想毁掉纳威人的生存环境，是为了得到一种超导矿石，这种矿石1千克价值2000万美元。超导，也是为了沟通，是为了更纯净、不受阻碍地链接。

这个寓意，真是了不起。所以，尽管《阿凡达》的感情戏很简单，情节也过于脸谱化，但我爱这部片子。

蝙蝠侠的俄狄浦斯情结

诺兰的《蝙蝠侠黑暗骑士三部曲》中最大的秘密是，蝙蝠侠心中的黑暗是什么，到底什么是他最恐惧的？蝙蝠，表面上是他最恐惧的，于是他成为蝙蝠的化身。能杀死他所爱的人的暴徒，是他恐惧的，所以他总是在战斗。但在我看来，这些都不是，真正的秘密，"三部曲"中的第一部一开始就交代了。

这部影片一开始，儿时的布鲁斯·韦恩和瑞秋在玩耍。瑞秋捡到了一个锈迹斑斑的矛头，但随即被布鲁斯骗走了。接下来，布鲁斯掉进井里，被蝙蝠袭击。这个矛头，即是影片最大的秘密。

矛头，即阴茎，也即杀戮。蝙蝠们攻击布鲁斯时，布鲁斯真正恐惧的，是他内心的攻击性，被呈现到了外部世界。作为小男孩，他的阴茎，会指向母亲，他的攻击性，不可避免地会指向父亲。这个天大的秘密，只能存在于他的内心。但来自黑暗世界的蝙蝠的袭击，仿佛将这一切呈现了出来，所以布鲁斯有了蝙蝠恐惧症。

恐惧症形形色色，譬如蜘蛛恐惧症、幽室恐惧症、广场恐惧症、社交恐惧症等。其中相当一部分恐惧症，其最恐怖的地方，并非妈妈像蜘蛛等，而是自己隐蔽的杀戮动机——像蜘蛛一样的妈妈太可恶了，我想杀了蜘蛛。布鲁斯也不例外，他害怕蝙蝠，是因为蝙蝠与他的弑父想象联结到了一起。

最恐怖的是，父亲很快被人杀死了。在剧院，布鲁斯被有蝙蝠的戏剧吓到。很有意思的细节是，他第一时间是向母亲求助，但却被父亲注意到，随即父亲给了完美的回应，并将布鲁斯带出了剧院。孰料，在剧院外，流浪汉枪杀了布鲁斯的父亲。

请注意，以后蝙蝠侠每次出现幻觉时，蝙蝠的出现和父亲死去是两个必然会出现的画面，而流浪汉的画面却很少出现。所以流浪汉在布鲁斯的内部世界里并不是最重要的，重要的是可怕的蝙蝠的出现和父亲的死去。好像不是流浪汉杀死了父亲，而是蝙蝠杀死了父亲。

去看戏剧前，父母乘城轨带着小布鲁斯在哥谭市巡游。哥谭市里到处都是伟岸父亲的身影，他通过建设城轨和救济穷人击溃了经济敌人。而城市正中心矗立着的韦恩家族的建筑，也像是父亲雄伟的生殖器，或者说得好听一点——父亲存在的象征物。他如何才能超越父亲？一直沉默不语的布鲁斯或许在思考这个问题。

解决俄狄浦斯冲突的关键，是孩子认同父亲，认同之后还会有超越（经典的精神分析的说法，客体关系理论则认为，若有足够好的妈妈，则孩子可自动化解俄狄浦斯情结）。布鲁斯的父亲是如此完美，布鲁斯最终认同了父亲，但他内心的罪恶感和超越父亲的动力一直存在。这两者结合在一起，让他最终成为黑暗而善良的蝙蝠侠。父亲用经济策略拯救了哥谭市，他则直接用雄性力量成为哥谭市救星，那种黑暗的存在方式，更让他成为传奇中的传奇。

影片中很多地方不经意地刻画了布鲁斯与父亲的竞争。从大学里出来，参加杀死父亲凶手的减刑听证会前夕，他对瑞秋和管家说，这不是他的家。他家的房子被忍者大师烧毁后，他去重建，而且很心安，对旧房子似乎没有丝毫留恋，因重建后，房子才是他自己的。

布鲁斯处理恋母弑父情结的方式，是激烈的，但仍像是光明的。同样被俄狄浦斯情结折磨的忍者大师，则是将自己的罪恶感投射向了外部世界。他将罪恶感转为愤怒，不将自己视为罪人，却将芸芸众生视为该被毁灭的罪人。

忍者大师的爱情，更是传奇。他爱上军阀的女儿，被军阀关进监狱。军阀的女儿去监狱救了他，而自己却陷在地牢中。他们的孩子则通过征服从未被人征服的地牢，成为传奇。军阀岳父简直要通过杀死他的方式，解决这个臭小子与自己竞争女儿的问题。这极可能又是一个轮回，也即，忍者大师的父亲也通过简直要杀了他的方式，解决儿子与自己竞争妻子的问题。

相反，布鲁斯的父亲，是一直给予儿子伟大的爱，这让布鲁斯最终选择了认同父亲然后超越父亲的方式，解决人类这个共同的难题。

因着如此复杂的情结，布鲁斯痛失所爱——这份爱不能得到，否则会愧疚至极。只是在最后，他才与猫女走到一起，但那种感觉，并不像永恒，更不知，蝙蝠侠最后是否获得了平静。

诺兰的片子，男主人公都在很偏执地寻求什么，并且几乎清一色是痛失所爱。到底，诺兰是深通精神分析，于是刻画了这些东西，还是他本身就被俄狄浦斯情结所折磨？

每个人都以为他的逻辑是正确的

2009年1月22日，美国第81届奥斯卡金像奖的提名名单公布。令人们大跌眼镜的是，2008年全球票房冠军、好莱坞历史上第二卖座的《蝙蝠侠前传2·黑暗骑士》只拿到了数项无关痛痒的提名。

评委们可以轻视这部影片，却不能轻视影片中的反角小丑，饰演小丑的演员希斯·莱杰众望所归获得了最佳配角提名。而分析者也普遍认为，这一奖项铁定是希斯·莱杰的，这不是因为曾在《断背山》等影片中有上佳表现的希斯·莱杰多么有影响力，而仅仅是因为小丑在《蝙蝠侠前传2·黑暗骑士》中的表现是无与伦比的，这注定将是电影史上最有名的反角之一。

2009年1月22日也是希斯·莱杰去世一周年的纪念日。

2008 年的这一天，年仅 28 岁的他被发现猝死在纽约曼哈顿租住的公寓中。

在这一特殊的日子，我写下了对《蝙蝠侠前传 2·黑暗骑士》这部影片的心理分析文章，以此来纪念这位演艺界不多见的奇才。

在生活中，我听到、见到无数这样的故事，两个相爱的人，一个不断地去突破另一个人的底线。

这个人的潜在逻辑是："你说你爱我，这是真的吗？我不信，所谓爱我只是给你的生活添加光彩罢了。如果你真的爱我，你就会不顾一切地爱我，你真的能做到这一点吗？"

这也是电影《蝙蝠侠前传 2·黑暗骑士》（"蝙蝠侠"系列影片之六）中隐藏的核心逻辑。

这部影片的背景是，在黑帮和毒贩横行的哥谭市，蝙蝠侠不断神出鬼没地打击罪犯，而他有一个众所周知的规则——不杀人。

在蝙蝠侠这位"暗夜骑士"的帮助下，哥谭市警长戈登将黑社会老大们一网打尽，而哥谭市检察长，有"光明骑士"之称的哈维·丹特试图将他们全部送上法庭。证据确凿，看来他们注定要住在监狱了，而哥谭市似乎终于可以恢复平静和光明了。

就在这时，小丑出现了。他阴险狡诈，没有任何底线，头脑中也没有任何教条。他以杀死蝙蝠侠为号召而将黑帮团结在自己周围，并带领他们和他招募来的精神分裂症患者们随心所欲地杀人，以此向市民们施加压力，让他们迫使蝙蝠侠摘下面具公布身份。

这只是影片一条表面的脉络，而影片核心的脉络是，小丑不断刺激哈维·丹特和蝙蝠侠这两个"正义的化身"，甚至希望哈维·丹特将自己击毙，蝙蝠侠将自己杀死。因为这样一来，他们就和他一样了，他们所信奉的正义不过是一个表演而已，而真正掌握这个世界的，还是小丑的逻辑——"没到迫不得已的时候，谁不想正义凛然？"

每个人都以为自己的逻辑是正确的，这个世界在按照他相信的那一套逻辑运转。如果这个世界不是这样的，我们就会以为，这不过是表面现象而已，真正的深层逻辑一定是自己掌握的那一套逻辑。要证明这一点，只需要将别人"轻轻推一下"，这些人就会陷入自己的逻辑。

例如，假若一个美女相信，男人都不是好东西，男人只是对她的身体感兴趣而根本不会爱她，那么，她会使用她的身体去勾引男人。她会发现，她只需要这样将男人们"轻轻推一下"，这些男人就会变成贪婪的色鬼。

例如，假若一个富人相信，每个人都是贪婪的，有钱能使鬼推磨，那么，他会使用他的金钱将无数人"轻轻推一下"，这些人就会陷入他的掌握。

小丑则认为，每个人都是邪恶的，没有信任可言的，他只需要将人们"轻轻推一下"，每个人都会放弃正义，变得很自私和丑恶，于是出卖别人甚至亲自杀死战友。在影片中，小丑"轻轻推一下"的武器是人们心中的恐惧。他认为，每个人爱的都是自己和自己的亲人，只要你去威胁他们的生命，那么每个人都会放弃原有的底线，而变成恶魔。

小丑的追求：突破所有人的底线

影片一开始就展示了小丑的逻辑。他引诱几个戴着小丑面具的匪徒打劫黑帮的银行，并对他们说，杀死你的同伴，这样你分到的钱更多。于是，这些匪徒果真在抢劫过程中相互残杀，稍有犹豫的人，立即会被同伙干掉，而小丑在这个过程中是最果断的，所以他是唯一生存下来的人。

对此，一个黑帮银行的头目说："这座城市的匪徒向来有信念。"他是说，他们是有底线的，这就是"盗亦有道"的意思了。但小丑证明，他只需要"轻轻推一下"，就可以破掉黑帮们的底线。

在小丑的带领下，他的爪牙们打劫了多个黑帮银行，抢劫了6800万美元，但他竟然堂而皇之地闯进了黑帮老大们的聚会所。因为他明白，只要他"轻轻推一下"，这些黑帮老大就会团结在他的周围。

果不其然，当他说，他可以杀死蝙蝠侠时，大多数黑帮老大都被打动了。这既是诱惑，也是利用了恐惧的力量。这个时候，黑帮老大们正被蝙蝠侠、哈维·丹特和戈登等光明力量逼到绝路上，所以他抛出这个诱饵后，哥谭市黑社会很快整个投靠了他。

整个影片中，小丑经常利用人性的弱点给出选择题，令我印象深刻的选择题有三个。第一个是他抛给黑社会的。一个黑帮头子讨厌他而发出追杀令，结果被他所杀，而他扔给了活着的两个黑社会爪牙每人一截棍子，说"你们只有一个可以活命，你们相互厮杀吧"。"盗亦有道"中的一个很重要的"道"是不得内讧，但这个底线，小丑轻易就令他们突破了。黑社会的"盗亦有道"毕竟是不大可靠的，被突破似乎不算什么。那么，那些最光明的正人君子呢？他们的底线能突破吗？接下来的故事显示，这并不是非常难。

获得了黑帮的支持后，小丑向哈维·丹特、哥谭市警察局长和即将审判黑帮老大们的女法官三人同时发出了死亡威胁，并几乎在同时炸死了女法官、毒死了警察局长。警察局长是在和戈登对话时喝了一杯毒酒被毒死的，当时戈登说："你的周围已有内鬼，你要小心。"但此时警察局长毒酒已落肚。

显然是内鬼给了警察局长毒酒，但内鬼为什么会听从小丑指挥？影片没直接做出回答，但不难推测的是，小丑向这些警察本人及其亲人发出了死亡威胁，这是小丑一直在使用的手段。

要杀死哈维·丹特就没有那么容易了，因为哈维·丹特的未婚妻瑞秋是蝙蝠侠的前女友，蝙蝠侠是哈维·丹特的偶像，而哈维·丹特则是蝙蝠侠心目中的救星。

女人的逻辑：爱上一个英雄，再把他变成凡人

两个男人被一个女人爱上，这通常意味着，这两个男人要么很像，要么截然不同。这两点综合起来还有更复杂的情形，即他

们要么看上去很像但其实完全不同，要么看上去不像但其实本质一样。

蝙蝠侠和哈维·丹特有什么相同和不同呢？

蝙蝠侠的真名叫布鲁斯·韦恩，是韦恩企业集团的董事长，全世界最富有的男人。他第一次和哈维·丹特相遇是在他集团下的一个餐厅。哥谭市检察官想和自己的同事兼未婚妻瑞秋约会，托了人才在这个餐厅订到位子，而恰好遇见了胳膊上挽着俄罗斯芭蕾舞演员的布鲁斯·韦恩。不知道布鲁斯·韦恩就是蝙蝠侠的哈维·丹特谈起了蝙蝠侠，言辞中充满崇拜。他认为蝙蝠侠是英雄，而这个混乱的城市需要蝙蝠侠的看护，并担心蝙蝠侠的压力太大，"或是作为英雄战死，或是苟活到目睹自己被逼成坏人"。

哈维·丹特是布鲁斯·韦恩的情敌，但韦恩还是被哈维·丹特打动了。他想用他的财富帮助这位"光明骑士"，让哥谭市的市民彻底"相信哈维·丹特（这是哈维·丹特的竞选口号）"，他也渴望哈维·丹特的愿望实现，能将"看护哥谭市"的责任交给他。

当然，这种无私中藏着极大的自私。因为，布鲁斯·韦恩仍然爱着瑞秋，而瑞秋不希望嫁给"蝙蝠侠"，过着担惊受怕的生活。她希望和布鲁斯·韦恩过平淡而幸福的生活，所以此前她对布鲁斯·韦恩说过："如果你不再做蝙蝠侠，我就嫁给你。"

所以，"暗夜骑士"是想将看护哥谭市的重担交给"光明骑士"，那样他就可以和心爱的人过幸福的生活了。

女人是矛盾的，女人常做这样的事情：爱上一个英雄，但对英雄说"你要变成平凡人我才嫁你"。然而,这是真的吗?

小丑的拷问:没到迫不得已的时候,谁不想正义凛然?

因为有蝙蝠侠保护,哈维·丹特一直是安全的,但别人就没那么幸运了,就连哥谭市市长都险些丧命于小丑的阴谋下,而其他血腥的杀戮更是不断刺激着哥谭人脆弱的灵魂。

最终,蝙蝠侠决定屈从小丑的要求。小丑说,只要蝙蝠侠自首(哥谭市警方一直在追捕这位"暴力义警"),他就停止杀戮。这其实是在离间蝙蝠侠和哥谭市民的关系。

大众比较容易被离间,他们纷纷呼吁蝙蝠侠现身。哈维·丹特质问民众:"你们真的要牺牲这位一直保护你们的英雄吗?"他们纷纷回答说,是的。

这时,哈维·丹特说,他就是蝙蝠侠。

也就在这一刻,瑞秋第一次真心痛恨起布鲁斯·韦恩来。她斥责他让检察长背黑锅,并决定嫁给哈维·丹特。然而,她到底想嫁给谁呢?

显然,她是决定嫁给那个最英雄、最正确的人。那么,她是真的想让蝙蝠侠变成平凡人吗?

被捕的哈维·丹特要被送进监狱,小丑则在路上设计杀死他。自然,"暗夜骑士"会来保护"光明骑士"。经过一番激烈的大战后,小丑最后剩下孤家寡人,而蝙蝠侠则开着高科技摩托车向他撞去。

但小丑并不躲闪，而是狞笑着说："撞我啊！撞我啊！"

一开始，对这一情节我有些不解，但随即明白，他是想用自我牺牲来引诱蝙蝠侠突破自己"不杀人"的底线，以此来证明，他才是唯一正确的。

"只有我才是正确的"，这种感觉的诱惑力真是强大，为了"捍卫"这种感觉，小丑不惜一死。

蝙蝠侠也明白了这一点，在千钧一发之际，他躲闪，并被摔晕，但小丑还是被诈死的戈登逮捕了。

孰料，被捕也是小丑精心设计的一个圈套。他知道，戈登没死，而且戈登一定会把他送进戈登自己的特别牢房，那里还关着一个掌握着黑帮所有财富的特殊人物。围绕着这一点，他还设计了许多圈套。

但蝙蝠侠和警方不知道这一圈套，他们以为逮捕小丑就万事大吉了。但他们很快发现，这是幻觉，小丑的人抓走了哈维·丹特和瑞秋。而在监狱里，小丑给蝙蝠侠出了影片中的第二道选择题：一个地方关着哈维·丹特，另一个地方关着瑞秋，时间有限，他只能救一个，他救谁？

蝙蝠侠选择了救瑞秋，这恰恰中了小丑的圈套。小丑故意说错了地点，他说关瑞秋的地点其实关的是哈维·丹特。所以，蝙蝠侠救出的是哈维·丹特，而瑞秋葬身于火海中。

对此，布鲁斯·韦恩反思，他做了一次"不正确的决定"，终于知道了"蝙蝠侠也有力不能及的事"。这一次也仿佛验证了小丑的逻辑："没到迫不得已的时候，谁不想正义凛然？"

贪恋影响力，英雄的另一面是匪徒

这不只是蝙蝠侠"力不能及的事"，也是影片中所有好人变坏的原因。小丑没拉一个警察下水，都是通过威胁警察亲人的生命而实现的。譬如，瑞秋之所以被绑架，是因为戈登属下的一个女警察受到了这种威胁，而哈维·丹特被绑架也是如此。小丑能够肆无忌惮地制造炸死女法官、毒死警察局长、枪击市长、炸掉哥谭综合医院等一系列事故，也都是因为他利用这一威胁，突破了一个又一个好人的底线。

在影片的高潮中，小丑将这一招数发挥到极致。他威胁整个城市的人，要么"成为我的人"，要么离开这个城市。最后一批逃离这个城市的人乘坐了两条船，一条船上是好人，一条船上是那些黑社会老大及其属下。

等开到河中时，这两条船突然停下了，并传来了小丑的威胁：每条船上都装有大量炸药，还有一个起爆器，但起爆器控制的是另一条船，只有一条船上的人可以生还，条件是 12 点前必须引爆另一条船。

这是小丑在影片中出的第三道选择题，而且做选择的是民众。民众曾经选择抛弃蝙蝠侠，他们还会选择抛弃别人吗？

结果，小丑失败了。载有普通人的船，通过投票决定不引爆起爆器，而载有罪犯的船，起爆器被一个黑社会老大扔到了河里。

在基督教传说中，魔鬼撒旦赢得世界的方式是捕获人类的灵魂，而小丑使用的是同一逻辑。他对金钱丝毫不感兴趣，他曾将堆积如山的钱付之一炬，说"这个城市配得上一个有品位的罪犯"。他还对蝙蝠侠说："你应该知道，我对钱没有兴趣，我不是那种人，你不要把我降格成那种人。"

小丑感兴趣的是，将他的逻辑——"没到迫不得已的时候，谁不想正义凛然？"强加给周围的世界。对这一点，布鲁斯·韦恩的管家阿尔弗雷德一开始就发现了。他给蝙蝠侠举例说，曾经有匪徒劫走了他们的宝石，但他们却将这些宝石随处丢弃。他们其实对宝石并不感兴趣，他们这么做，仅仅是因为"他们觉得有意思。他们不会被收买、不会被恐吓、不会讲道理，也不会接受谈判，有些人就是想看着这个世界燃烧"。

在我看来，这也是所有最邪恶罪犯的共同欲望，他们感兴趣的不是钱权名利等看得见、摸得着的事物，他们要的是影响力。他们想将他们的意志强加给这个世界，让这个世界因为他们而战栗，用普通的逻辑看待他们是行不通的。

在这一点上，匪徒和英雄也常常是一个硬币的两面，他们要的其实都是影响力，而不是正义、公平、普世道理或"绝对正确的事"。

哈维·丹特就是这样的例子。影片的高潮是第三个选择，在这个选择上，小丑输了，但小丑仍哈哈大笑，因为他认为在"哥谭灵魂之战"上赢了。

小丑的意思是，他用他的逻辑击败了哈维·丹特，最终让这位"光明骑士"服膺了他的逻辑。

这是真的。瑞秋丧生后，哈维·丹特绝望了。尽管蝙蝠侠救了他，但他的左半边脸被汽油烧烂了，皮肤脱落，肌肉和牙齿裸露，无比疼痛，但他拒绝接受任何去痛治疗。

这可以理解，因为，比起失去爱人的心痛来，这种肉体的痛更容易承受，而且它可以让自己的注意力从心痛转到肉体的痛上来。

双重的痛让哈维·丹特放弃了"对公正的狂热追求"，转而变成一个彻底的机会主义者，他追踪并拷问所有牵涉瑞秋之死的人，并通过抛硬币来决定对方的生死。

"光明骑士"变成"双面骑士"，这看起来令人心痛，但这并非偶然。影片显示，他很早就有一个绰号"双面人"，而他一直喜欢抛硬币。他表现出的"对公正的狂热追求"不过是一面而已，而他的另一面早就存在。小丑的逻辑——"没到迫不得已的时候，谁不想正义凛然"，可以不折不扣地用在他身上。

可以说，哈维·丹特并不是在追求"光明"，而是他发现，他可以通过追求光明来获得影响力。他通过"对公正的狂热追求"成为哥谭市民的偶像，他也通过替蝙蝠侠背黑锅而终于获得了瑞秋的爱，这是极大的好处。

蝙蝠侠是小丑的希望之光

然而，瑞秋死了，他的生存逻辑也随之一下子被颠覆了。

从这一点看来，他与蝙蝠侠只是"形似而神离"。通俗说来，就是他看上去与蝙蝠侠很像，但在本质上有根本的差异。

这一差异是，蝙蝠侠对影响力没有兴趣，他追求的是正义。影片最后，他甘愿替哈维·丹特背黑锅，将这位"光明骑士"的杀业承担在自己身上，不惜令人们以为他已破了杀戒。但是，他愿意承担这一切，而让哥谭人去迎接光明，这不是一个表现出来的英雄，而是一个真实的英雄。

重要的不是形式，是灵魂，这是小丑和蝙蝠侠的共同之处。

并且，尽管小丑似乎没有任何底线，并说自己是"混乱的代理人"，说他憎恨秩序，但他想营造的世界仍然是有秩序的。

他想让世界恐惧，这不过是他的"内在的暴虐的父亲"折磨他的"内在的受虐的小男孩"的外化而已。他曾服膺于父亲的逻辑，认同了那个"内在的暴虐的父亲"，而他也希望整个世界和曾经的他一样，屈从于这种暴力之下。

但是，他内心深处的那个小男孩又惧怕这一点的实现，因为这意味着他的所有世界都将陷入黑暗，将不再有任何光亮。所以，当有人真的想暴露蝙蝠侠的真实身份时，他却向这个人发出了追杀令。

甚至，我想，即便蝙蝠侠真的没有了抵抗能力，任他宰割时，他也会放弃。或者，他会杀掉这个蝙蝠侠，然后再去找一个蝙蝠侠杀掉。如果这个世界上只有一个蝙蝠侠的话，他会舍不得杀的。这不只是为了不断斗下去而活在"一个不那么无聊的世界"里，也是他内心深处的那个小男孩的一点微弱而坚定的呼声。

如何在自我与现世间达成一个平衡？

在《挪威的森林》中，村上春树构造了一个现代寓言：一个人如何在自我与现世间达成一个平衡。

直子在信中对渡边说："……你不像我，你不可能轻易地钻入自己的壳中，你总能随便做些什么来使自己解脱。"

永泽对渡边说："……需要的不是理想，而是行为规范。"

直子在矛盾的这一端：彻底地把自己封闭在自我中。永泽在矛盾的另一端：彻底地掌握着现世中游戏的规则。自我与现世的规则在他们两个人身上完全分裂，水火不容。

玲子的女学生、直子的姐姐也在永泽的一端。

玲子的女学生是现世规则的化身。她的自我已经完全异化到现世的规则里。她自如地运用这些规则，将周围的人玩弄于股掌之中。她只为掌握别人而来，但她在掌握别人的同时也彻底丧失了自我。

直子的姐姐一样也把握着现世的规则。但她的自我并没有异化到规则里，她仅仅是主动忽视了自我——即便在她最抑郁的时候，她仍能给直子最细致的关怀。自我与现世的规则在她身上分别是两个独立的成分，她能自如地运用规则，可她的自我微弱而封闭……

永泽既彻底掌握了现世的规则，也拥有内向的力量。不过，只要两者稍微冲突，他会毫不犹豫地践踏自我，不管是别人的还是自己的。但不让人讨厌的是，他从来不会因为规则而出卖自我。

木月、初美则在直子的一端。

木月拥有最可珍贵的自我——"没有一点坏心和恶意"，但在意识里却最在乎对现世规则的掌握——"那个也要干，这个也要改"。他不能珍视那最可珍贵的自我，却无限鄙视不能最好地掌握现世规则的自己。

初美一样拥有令人心颤的自我，但与木月不同的是，她一直珍视自己的自我，而并不在意永泽在规则上的潇洒。但最后，她发现自己单纯的自我无法与现世相容。"拯救"初美也许不应该是一个特别难的事情——只要有一个人能像渡边在乎直子的纯粹的自我一样在乎她的单纯的自我。

直子完美的"黑暗中的裸体"是纯粹的自我的象征。但她只能在彻底摆脱现世的一种特别的意识状态里才能完全接受它，并把它自然地展现在渡边的眼前。一旦到了现世中，她就会延续木月的努力。这种努力也没有什么，可悲的是直子不能珍视自我。

无论永泽、直子的姐姐，还是直子、木月，他们都将现世的规则尊为意识中最重要的东西，同时或者忽视自我，或者践踏自我。所以，他们都恰似在地狱中活着。

芸芸众生则存在于这两端间的某一个位置。

绿子的父亲既不知道规则，又不理会自我。他只是战战兢兢地活着。

绿子的民谣俱乐部的同学也将规则奉为至高无上的存在，为了规则他们会毫不犹豫地出卖自我——这是他们令人生厌的地方。他们的自我因以服务于规则为目的而势必将越来越虚假。

敢死队让人好笑的地方是，他将自我异化到一个简单的世俗规则中，并且就像初美珍视她的"童年憧憬"一样珍视这个异化进自我的规则，以为这就是地道的生命了。

大多数人也重视规则，但总还能胆战心惊地为自我留下一点可怜的地盘。他们虽然不相信，但能感觉到这点可怜的地盘相当重要，只是非到特殊时候根本不知道珍惜——这是我们多数人可怜的生存境地。

绿子和玲子是两个特殊的人，也许不能简单地把她们放到自我与现世间的某一个位置。

与直子相反，玲子恰恰是在阿美寮中获得了自我——"我从4岁就开始弹钢琴，但想起来，却连一次都没有为自己弹过"。她的风尘味儿、她的善为人师都表明她还是掌握了必要的现世规则，但她的自我一直都太弱了。通过阿美寮的八年生涯，尤其是直子和渡边，她最终在现世和自我间达成了一个微弱而和谐的平衡。在《挪威的森林》中，只有玲子一人达成了一个这样的平衡。

玲子的信应是解读《挪威的森林》之寓言的关键："纵令听其自然，世事的长河还是要流向其应流的方向，而即使再竭尽人力，该受伤害的人也无由幸免。所谓人生便是如此……有时候你太急于将人生纳入自己的轨道。假如你不想进精神病院，就要心胸豁达地委身于生活的河流。"

绿子最特别的地方是，她直接从现世中寻找滋养她自我的养分——这在《挪威的森林》中也是一个绝无仅有的例子。她是现世中唯一的亮色。每当渡边因直子鄙弃她的纯粹的自我而沉溺在泥潭时，绿子可以拉他出来；每当渡边对嘈杂的现世感到厌烦时，绿子又让他感到现世的珍贵。

《挪威的森林》的结尾应当是一个破绽：因为直子，在自我和现世间走钢丝的渡边已经彻底到过井底；因为玲子，渡边似乎能够找到一个微弱的平衡；而真正的平衡就应当在他和绿子的关系里。但村上却给出一个忽然茫然起来的结尾："我是在哪里也不是的处所连连呼唤绿子。"好像一个倾向是，渡边可能要再次往自我的方向走一走，所以要非常有距离感地呼唤忽然远去的绿子。

我可能是在无谓地解析与思考吧，但村上讲述的绝对是一个寓言故事，而不仅仅是一个简单的爱情故事。

渡边能让绿子找到被爱的感觉吗?

绿子"草莓蛋糕"的梦想，像是在向另一个人要求自己的存在吧。

卡夫卡与菲丽斯订婚，毁约；再订婚，再毁约。他的矛盾是：想要一个女人的日常陪伴，可又惧怕这个人向他要求自己的存在——婚姻的契约就给了配偶向自己要求存在的权利。

或者，卡夫卡根本不爱菲丽斯；或者，他惧怕的是一种抽象意义上的绝对义务：一个人得满足配偶向自己要求存在的欲望。

绿子对渡边说："可是，我真的好寂寞，非常非常寂寞。我也知道对你不起。我什么也没给你，只是向你提出种种要求。随意胡言乱语，把你呼来唤去的……"因为没有和渡边建立"契约"，绿子知道自己根本没有"权利"向渡边要求自己的存在。

可是，即便绿子离开了那个人，即便她向渡边表达了自己的情爱，甚至，即便渡边和她建立了契约，绿子就拥有向渡边要求自己存在的"权利"吗?

在少林寺，任我行要任盈盈暗示令狐冲斗败岳不群，盈盈只是"嗯"了一声。盈盈的逻辑是：两情相悦，贵在自然，等到自己要求，令狐冲才关注她的存在，就太没意思了。

盈盈的逻辑更本质一些吧。

你在不在乎一个人，是你的事；那个人在不在乎你，是他的事。

绿子也明白这一点，所以她对渡边说："不过，我也不是十分气你。我只是觉得寂寞极了。因你对我百般亲切，而我好像不能为你做什么。你一直把自己关在自己的世界里，虽然我咚咚咚地敲门叫渡边。你仅仅抬抬眼，又马上回到自己的世界。"

寂寞，只有无奈的寂寞。

在普通的关系中，我们讲互动，但在最纯粹的关系上，也许只能讲机缘。你爱上一个人，就已经开启了一个方向的机缘；那个人爱你，就启动了另一个方向的机缘。如果，只是启动了一个方向的机缘，无论纯粹的爱情还是友谊，都半点勉强不得。

自然，渡边并非不爱绿子。他和绿子仅仅是错过了机缘契合的时机。绿子最在乎他的时候，他沉溺在井里；他试图最在乎绿子的时候，绿子已经试着封闭自己的心了。——错过也是机缘的一种很经常的表现形式呀。

我依然觉得，虽然绿子爱极了渡边，渡边也打算努力在乎起绿子，但绿子最想要的渡边做不来，渡边一直要的绿子也给不了。他们注定只能相互陪伴，相互抱慰彼此的脆弱。

绿子袒露自己的在乎时，受了伤。

但更多的时候，这种袒露碰上的是一个尴尬：你让自己俯首在爱情的圣坛下，可恋人以为是他的魅力征服了你。这比渡边与绿子的错过更让人寂寞。我之所以非常喜欢黄易，就是因为他的级数论和魅力论。这样的人，不大懂得对纯粹感情的敬畏。

再说说孤独。孤独首先是一个不可避免的存在："我"用专属于自己的眼镜看；其次是一种被迫，当真诚多数时候带来的是受伤时，"我"只能遮藏或掩饰，从而造成交流的困境；最后是机缘，"我"和另一个人相遇时，我们的体验与期望经常不一样。

写到这个份上，我忽然觉得自己已经太以自我为中心了。我的这些感受别人未必会有，别人会有的感受我也未必能真正体味，甚至我的这些感受的底子是太自己的，已经远远离开了村上。

这也没什么，毕竟是《挪威的森林》这本书在某个方向上延伸了自己的性情。这就够了吧。

雨果的"悲惨世界"

我常做一种梦:无比瑰丽的风景突然展现在我眼前,我惊叹,涌起要膜拜的激动,赶紧拿出相机拍摄。可是,不是镜头坏了,就是相机坏了,拍不下来,遗憾。

可昨晚的梦,有了突破。我又一次梦见瑰丽的风景,拿出相机,将这美景顺利地拍了下来。

早晨醒来,觉得惊讶,心想发生了什么,让我的潜意识有了这样一个突破?

第一时间想到,昨晚看了电影《悲惨世界》。

实话实说,这部电影多数时候让我觉得沉闷,不习惯音乐剧的风格,甚至几次想关掉电脑。不过,这次是和女友一起看的,再者也希望把这个故事看完。小时候,我家穷得像"悲惨世界",但哥哥竟然花钱买了一套《悲惨世界》,被妈妈少见地骂了一次。

后来这套书只剩下一本，不知被我翻了多少遍，却没记住情节，只记住了一种压抑的氛围。所以说，这个故事在我心中没头也没尾，这种感觉不舒服，最好是把它完形——格式塔心理学的术语，即把一个事情弄完整。

因这种动力，我将电影看完。到了最后，我对这部电影的评价一下子高了两个八度，从我心中的平庸级别变成"极好的电影"。

让我内心有这个转变的关键在于冉阿让临终前的话，他说，感谢上帝，让他带着爱，而不是带着仇恨死去。

然而，这样的一幕，或者说这部电影为何能如此触动我，让我的潜意识得以升华？

带着这一问题，起床、淋浴，让热水喷洒到头上——这是我很喜欢的思考的辅助方式。

果然，当身体放松、头脑放空，让意识之流自由流动时，我有了非常丰富的自由联想，终于细致地看到，我过去的梦，是卡在俄狄浦斯情结的结果。而梦之所以发生转变，即我的俄狄浦斯情结之所以得以突破，是电影《悲惨世界》的功劳，特别是冉阿让死前的那一番话发挥了巨大作用。

尚没有准备详谈自己的俄狄浦斯情结，还是先简单谈谈雨果和他的《悲惨世界》吧。

电影《悲惨世界》中，是冉阿让得以救赎。本来十九年的牢狱之灾，以及被判入狱的严重不公平，让他心中怀有强烈的仇恨，但先是神父源自彼岸的爱，接着是与养女珂赛特的人世之爱，让他放下了仇恨，内心得以转变。

但在雨果的现实世界中，他或许是想借这样一个形象，来救赎他自己。

雨果，1802年出生，父亲利奥波德·雨果是军人，是拿破仑的哥哥、西班牙国王约瑟夫·波拿巴的亲信忠臣。雨果的妈妈索菲，并不爱丈夫，只是因不想孤独而结婚。他们本来已有两个孩子，索菲不想再生育，但利奥波德在一次就任新岗位的路上，一时兴起，半强迫地与妻子发生了关系，而就是这一次让索菲不能原谅丈夫的性事，孕育了法兰西最伟大的文学家维克托·雨果。

读到这一段文字，或许你会联想到，沙威的原型是谁？

雨果的生命由此而来，这算不算悲惨世界的开始？好在，索菲非常爱这个儿子。但是，雍容华贵的她，怎么都爱不上丈夫，却爱上了利奥波德的一名战友法诺德拉奥里将军，与他有了十年恋情。这场秘密恋爱，因法诺德拉奥里卷入了反拿破仑谋划身死才被曝光。随即，利奥波德将军起诉与妻子离婚，在官司期间，他使用了种种手段，还在法庭上朝妻子吐唾沫。法庭最终判他们分居，但不得离婚。婚没离成，但利奥波德从此后很少回家。

冉阿让不断地问：Who am I？这个问题可以延伸到《悲惨世界》的每一个角色中，譬如，芳汀是谁？

芳汀这个形象，可以说，很可能是雨果对母亲形象的一种整合处理。她很美好，但她偷情。母亲偷情，通常来说，对儿子的打击不亚于对丈夫的打击。他会怀疑，母亲是荡妇。所以影片中，芳汀沦为妓女。但他为母亲辩护，所以影片中说，芳汀是纯属无奈。芳汀沦为妓女后自述说，她被一名男子始乱终弃，也可视为雨果对母亲与父亲婚姻动荡的一种理解。

电影中，芳汀沦为妓女一幕非常戏剧化，特别是卖牙的情节，像是儿童的一种想象，缺乏理性。并且，是卖后牙。我推想，不知是不是源自雨果对母亲拔智齿手术的原始记忆。

父母闹离婚，这意味着，雨果的童年终结了。对应到影片中，是芳汀死去了，而冉阿让——雨果想象出来的理想父亲，要去拯救珂赛特。对父母最失望的时候，尚是孩子的雨果，会不会想象让理想的父母来拯救自己这个孩子？

在我看来，芳汀的故事脆弱，有些经不起推敲，有些像孩童想象的简单处理。同样，沙威的偏执形象，也有些经不起推敲，他过于脸谱化了。我想，这可能也是雨果对父亲形象的处理。

孩子不能处理父母的好与坏时，会使用分裂的方法，即将好父母与坏父母彻底分开，将好父母归到一个人身上，而将坏父母归到另一个人身上。

芳汀，是命运悲惨的好妈妈，而那个旅店的女老板，则是纵欲无度、贪得无厌的坏妈妈。

沙威是偏执、粗暴、没有人情味的坏爸爸，冉阿让则是温暖而具有伟大牺牲精神的好爸爸。

冉阿让是《悲惨世界》中最触动人心的人物，而这种具有伟大牺牲精神的平民形象，在雨果的重要小说中一再出现。譬如《巴黎圣母院》中的敲钟人加西莫多，《九三年》中的郭文。特别是后者，作为革命派的郭文捕获了保皇派侯爵郎特纳克，但却因郎特纳克救过三个孩子而放过他，而将自己送上了断头台。

由此可以看到，这些形象有共同点：被迫害，但有伟大的人格，为救孩子，甘愿赴死。

我想，这是雨果处理自己内心许多情结，特别是俄狄浦斯情结的一种方式。依靠这样的想象，雨果自己内心的罪恶感得以在一定程度上消除。

很多人可能看了我这句话会反感，会说，写了这么多部伟大作品的作者，他内心有什么罪恶感，他的人格一定很伟大。

事实是，若论品格，雨果的品格不靠谱。我的文章一再写，若无觉知，人生就是一场轮回，成年的命运，是童年命运的自动轮回。雨果的童年是悲惨世界，他的成年又如何？

他的成年生活有两个脉络。一个脉络是，他永远不断地在找年轻女人的新鲜肉体，甚至，他还抢了自己儿子的情人。

另一个脉络是，他组建的家庭，还不如自己的原生家庭。他的孩子们的命运，远比他的命运悲惨。他有四个孩子，两儿两女，两个儿子和他最钟爱的女儿都先他而死，另一女儿，因失恋而精神失常，并在精神病院度过余生。

失恋而精神失常的女儿，与毕生都在寻找年轻女人新鲜肉体的雨果，以及雨果母亲索菲的偷情，这三个故事放到一起，就可看到雨果家族对爱的匮乏。

特别是，雨果对情欲，简直就像是掠夺。作为父亲，他是冉阿让的反面。冉阿让将珂赛特让给马吕斯，而自己伤心至死，而雨果却是抢了儿子的恋人做自己诸多情人中的一个。

可以想象，雨果对母亲也是匮乏感和索求感的结合。那么，他如何处理人类的一个原罪——儿子与父亲竞争母亲？

雨果的方法，就是在小说中一再塑造冉阿让这样的形象。冉阿让是理想父亲，宽厚，有无私的爱，他彻底处理了自己心中的仇恨与嫉妒，他简直就像是基督。神父点燃了他对爱的信心，而他将自己变成了上帝的绝对仆人。有这样的父亲，儿子根本无须竞争。

雨果在《悲惨世界》中，用更多笔墨描绘了1832年的法国小革命。马吕斯和他的青年学生战友们，不惜自己的生命，向僵化的、严重不公平的权力体系开战，而他们，实际上却是权力体系中大人物的儿子们。

这里面有真实的正义。同时，也可以说，这也是处理俄狄浦斯情结的一种方式。父权，不等于政权吗？特别是皇权、王权，因为它权力上的绝对化，其臣民失去存在的资格，所以容易导致严重的对立。

雨果让沙威做当时巴黎的权力体系的一个代表，是一个或有意或无意的妙笔。由此，粗暴而僵硬的父亲形象，就与僵硬而不公平的权力形象，结合到了一起。

一个社会的家庭结构，从整体上看，是这个社会的权力结构的缩影。所以，向权力结构开战，也是向家庭结构开战。

不过，开战从来都不是好办法，虽然开战会震荡乃至摧毁一个腐烂而僵死的体系，让新体系作为一个新生命诞生，然而，若家庭结构或人心不变，只不过又是一个轮回。并且，很容易就像雨果的家庭一样，是越来越可怕的轮回。

雨果也洞见到了这一点，所以，他虽然同情弱势群体，但他从来不鼓吹暴力与战争。他所在的时代，法国不断爆发革命，共和国和帝国不断轮回，但在革命未发生时，他不鼓吹革命；在革命发生，但被原有权力体系折磨时，他不遗余力地保护那些革命者。

这种融合，或者说人道主义精神，闪耀在他每一部小说中，这是真正的魅力所在，而不是故事与情节。

李安的电影《少年派的奇幻漂流》讲了两个版本的故事，真实的故事很残酷，而电影讲的是派幻想出来的一个故事，用来安慰自己，也保护自己的心不至于破裂。

依我的分析，你也可以在雨果的《悲惨世界》中看到两个版本的故事。

那么，你相信哪一个？

我会说，两个都是真实的。派漂流故事的奇幻版和雨果的冉阿让，之所以能如此打动人心，是因为我们心中渴望这一部分，它不是虚幻地打动人，而是可以真实地疗愈一个人的心。